都市農業必携ガイド

市民農園・新規就農・企業参入で農のある都市《まち》づくり

小野淳・松澤龍人・本木賢太郎 著

農文協

まえがき

本書を手にとっていただきありがとうございます。

昨今、都市農業の現場である都市の農地が担ってきた役割やその価値が見直されており、平成27年４月、衆議院、参議院両院での全会一致という形で、都市農業振興基本法が成立しました。

市街化区域内の農地は宅地化されることが前提だった従来の建前とは異なり、都市農業振興基本法は、第３条１項（基本理念）で、次のように都市農業を積極的に振興すべきものと明文化した点に特徴があります。

都市農業の振興は、都市農業が、これを営む者及びその他の関係者の努力により継続されてきたものであり、その生産活動を通じ、都市住民に地元産の新鮮な農産物を供給する機能のみならず、都市における防災、良好な景観の形成並びに国土及び環境の保全、都市住民が身近に農作業に親しむとともに農業に関して学習することができる場並びに都市農業を営む者と都市住民及び都市住民相互の交流の場の提供、都市住民の農業に対する理解の醸成等農産物の供給の機能以外の多様な機能を果たしていることに鑑み、これらの機能が将来にわたって適切かつ十分に発揮されるとともに、そのことにより都市における農地の有効な活用及び適正な保全が図られるよう、積極的に行なわれなければならない。

同法の基本理念に沿って、今後、具体的な都市農業の振興に関する法制、財政、税制、金融上の措置が講じられていく見込みであり、現在は都市農業の転換期にあるといえます。

本書は、将来にわたって、ますます注目が集まり議論が活発化する都市農業について、都市農業の制度全体の仕組みを概観でき、加えて多くの実例を知ることのできる本という着想をもとに著者一同で起草しました。本書が皆様の蔵書に加わり、皆さまのお役に立てば幸いです。

著者を代表して　本木賢太郎

目次

第三章　都市農業の現場から

──先進農家・流通・農園サービス・行政の取組み

第五章 都市農業に関する主な税制度

第一章　都市農業における農地

1　都市農地の分類の難しさ

東京都を例に都市農地を分類すると図1－1のようになる。都市農業の現場の多くは、都市計画法に基づいて線引きがなされており、農地の取扱いは、農地の所在が市街化区域に属しているか、市街化調整区域に属しているかによって大きく異なっている。したがって、都市農業における農地を考えるにあたっては、まず市街化区域と市街化調整区域の違いを理解することが重要である。

もっとも、市街化区域内農地か市街化調整区域内農地かといった区別だけでは、正確な取扱いを把握することはできない。他の法令では、それぞれが立法目的に沿った農地分類を行なったり、取扱いに差異を設けたりしているため、都市計画法に基づく市街化区域か市街化調整区域かといった分類を基本としつつも、さらに複雑化した農地分類を念頭に農地行政は運用されている。

例えば図1－1でも、平成3年1月1日時点で三大都市圏の特定市（固定資産税の箇所で解説。155ペー

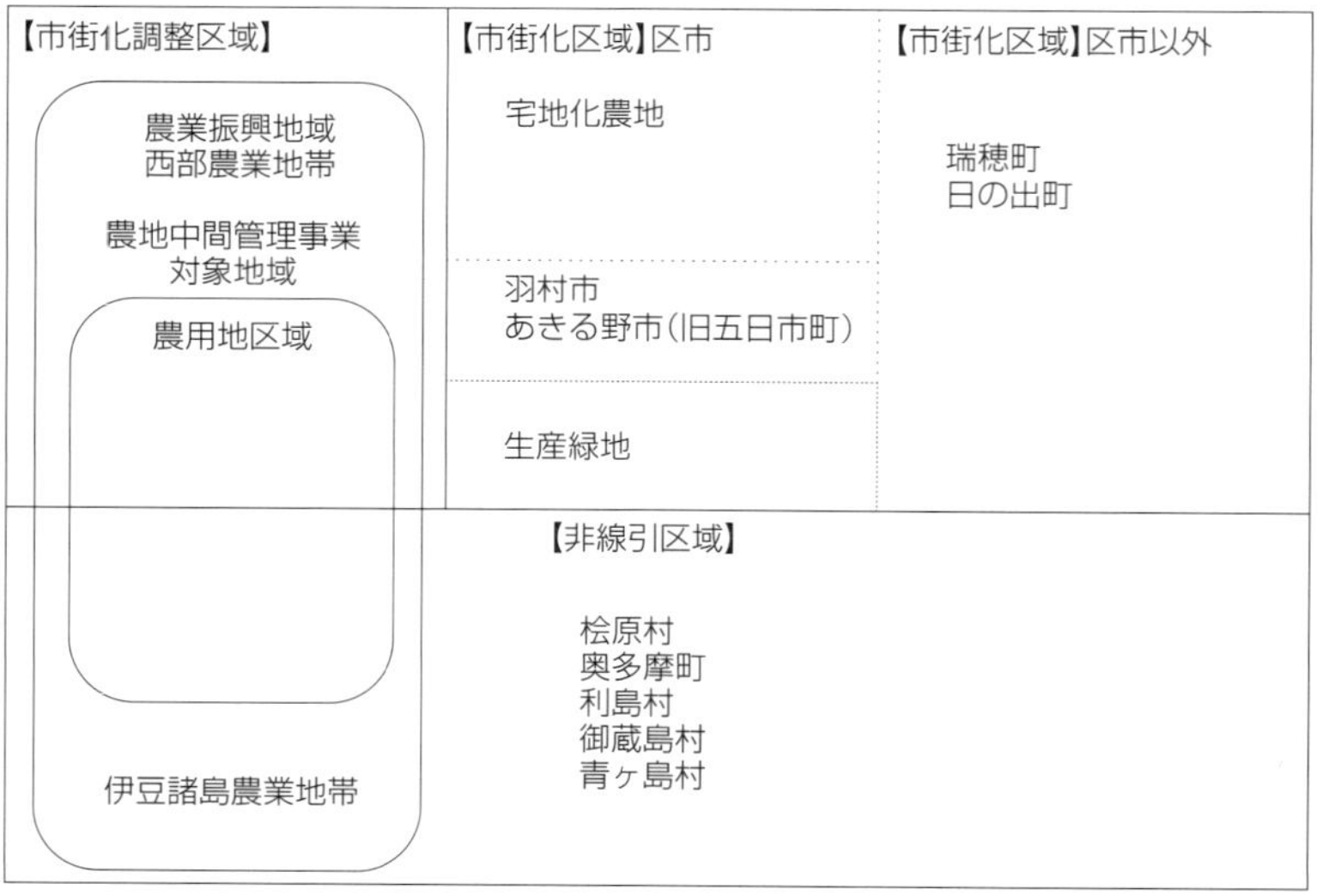

図 1-1　東京都における都市農地の分類

ジ参照）であったか否かにより税制上の取扱いが異なることから、区市か否かで区分し、さらに平成3年11月1日に町から市となった羽村市や、平成7年9月1日に秋川市と五日市町が合併して発足したあきる野市の旧五日市町地域は、他と区別しているのである。

2 都市計画法に基づく農地の分類

(1) 市街化区域と市街化調整区域

都市計画法は、都市の健全な発展と秩序ある整備を図るため、都市計画の内容や都市計画制限等を定める法律である。平成25年3月31日現在では、全国で1万1 7 2キロhaが都市計画区域となっている。

都市計画区域においては、無秩序な市街化を防止し、計画的な市街化を図るために、市街化区域と市街化調整区域の線引きを行なうことができる（都市計画法7条1項柱書き）。都市計画区域のうち約14％が市街化区域となり、約37％が市街化調整区域となっており、市街化区域にも市街化調整区域にもなっていない非線引き区域も約49％存在する。なお、市街化区域が国土全体に占める割合はわずか約3・9％である。

市街化区域とは、すでに市街地を形成している区域及びおおむね10年以内に優先的かつ計画的に市街化を図るべき区域である。一方、市街化調整区域とは、市街化を抑制すべき区域である。この市街化区域か市街化調整区域かの違いは、開発許可の関係での取扱いに関連しており、この取扱いの相違が農地の取扱いの相違につながることになる。

都市計画区域において開発行為を行なう場合、都道府県知事の許可を受けることが原則である（都市計画法29条1項）。しかし、市街化区域や非線引き区域においては、一定規模未満の小規模開発行為については都道府県知事の許可が不要となっている。また、都道府県知事の許可を要する場合であっても、許可基準を満たせば許可されることになっている。

これに対して、市街化調整区域では、開発行為は限定的な場合にしか許可されず、開発行為を伴わないとしても建築等が制限されている（都市計画法43条）。

(2) 都市計画区域における農地の位置づけ

東京都等大都市地域の市街化区域内農地については、昭和63年に総合土地対策要綱を閣議決定して以降、生産緑地地区等都市計画において、宅地化するものと保全するものとの区分の明確化を図るものとされている。

保全する農地については、①都市計画で定める区域区分を市街化区域から市街化調整区域に変更する逆線引きを行なうことや、②生産緑地地区指定で都市計画上の位置づけの明確化を図ることになっている。すなわち、市街化区域内の保全すべき農地は、生産緑地となっているか、市街化調整区域に改められることになっている。

この結果、市街化区域内には生産緑地指定されていない保全すべき農地は存在せず、生産緑地指定されていない農地は宅地化するものとなっているのが建前である。

東京都では、平成27年4月1日現在、市街化区域内に4244・60haの農地が存在し、このうち約77・1％の3274・60haが生産緑地地区となっている。宅地化農地とされて以降も農地として約970haの市街化区域内農地が生産緑地指定されないまま東京都内に残っているが、市街化区域の農地は減少傾向にある。

表1－1は、東京都における農地の状況である。

東京都の農地は、島しょ部を除くと約66％の農地が市街化区域内に所在している状況であり、島しょ部を含めても約44％が市街化区域内にある。島しょ部に3259・9haの農地はあるものの、そのすべてが非線引き区域となっている。

3 都市農業振興基本法

表 1-1　東京都における農地の状況

（単位：ha）

	市街化区域			市街化調整区域	その他
	生産緑地地区	宅地化農地	合計		
区部計	437.91	118.99	556.9	0	0
青梅市	137.34	67.56	204.9	271.4	0
あきる野市	71.13	50.47	121.6	432.4	0
瑞穂町	0.00	61.40	61.4	242.5	0
日の出町	0.00	37.00	37.0	129.7	0
八王子市	244.90	169.40	414.3	432.5	0
町田市	236.90	105.70	342.6	223.3	0
立川市	210.17	34.63	244.8	24.8	
武蔵村山市	98.81	37.49	136.3	60.8	
桧原村	0	0	0	0	200.1
奥多摩町	0	0	0	0	149.2
その他	1837.44	287.36	2124.8	0	0
多摩計	2836.69	851.01	3687.7	1817.4	349.3
島しょ部計	0	0	0	0	3259.9
総合計	3274.60	970.00	4244.6	1817.4	3609.2

東京都農業会議資料「東京都内の生産緑地指定状況等」「東京都内の市街化区域農地面積など」を参考にした。

・生産緑地地区指定面積は平成 27 年 4 月 1 日現在
・市街化区域内農地，市街化調整区域内農地，その他の農地の面積は平成 26 年 1 月 1 日現在

都市農業振興基本法は、都市農業の振興に関し、基本理念等を定め、国・地方公共団体の責務等を明らかにすることにより、都市農業の振興に関する施策を総合的かつ計画的に推進し、もって都市農業の安定的な継続を図るとともに、都市農業の有する機能の適切かつ十分な発揮を通じて良好な都市環境の形成に資することを目的とした法律である（都市農業振興基本法１条）。

市街地や周辺地域にある都市農地について、従来宅地化を促してきた基本方針を転換し、都市農地を計画的に保全すべきものと位置づけるとともに都市農業を振興すべきものと明確にした点に大きな意義がある。

同法では、政府に対し、都市農業の振興に関する施策の総合的かつ計画的な推進を図るため、都市農業振興基本計画を策定する義務を課し、国や地方公共団体が都市農業振興施策を検討・実施する責務を有することを明確にしている。税制に関しても、都市農業が安定的かつ確実に継続されるよう、都市農業のための利用が継続される土地に関し、必要な税制上の措置を講ずるものとされている。

本書執筆時は、都市農業振興基本計画の素案がまとまった段階であるが、平成28年4月に都市農業振興基本計画が閣議決定され、平成29年度以降の予算編成や税制改正では都市農業振興に必要な措置が反映される予定である。

4 農業振興地域整備法に基づく分類

「農業振興地域の整備に関する法律」(農業振興地域整備法)では、都道府県知事が、農業振興地域整備基本方針に基づき、総合的に農業の振興を図ることが必要であると認められる地域について、農業振興地域を定めることになっている。

そして、農業振興地域の指定を受けた区域を含む市町村は、その区域内にある農業振興地域について、農業振興地域整備計画を策定し、農地等として利用すべき土地の区域を農用地区域として定めることになっている。

農用地区域では、区域内にある土地の農業上の用途区分が定められており、原則としてその用途外使用が制限される。そのため、農用地区域内の農地については、農業以外の用途への転用は禁止されている。

東京都を例にすると、西部農業地帯と伊豆諸島農業地帯が定められ、西部農業地帯では八王子市・青梅市・あきる野市・瑞穂町・日の出町に、伊豆諸島農業地帯では大島町・八丈町・新島村・神津島村・三宅村に農業振興地域が指定されている。

市街化調整区域内の農地は、農業振興地域指定を受けたものと農業振興地域指定を受けていないものとが存在する。農業に関する公共投資や農業振興施策は、農業振興地域整備計画に基づいて農業振興地域に計画的かつ集中的に実施するのが、農業施策の基本的な考え方である。一方、農業振興地域以外の市街化調整区域内農地は、地域を限定せず実施するのに適している施策や、現在行なわれている農業生産条件を維持するうえで必要な施策を実施することになっている。

第二章　東京で非農家出身者の新規就農をつくる

——東京ＮＥＯ・ＦＡＲＭＥＲＳ！の誕生と軌跡

1　東京都内では農地の貸借は困難?

「東京都内では非農家出身者は新規就農ができない」と言われてきた。

これは、もちろん地域としては、島しょ地域いわゆる伊豆諸島（以下島しょ地域）は除かれ、また、農地を購入し新規就農をすることも除いており、一般的に、法律に基づき、少額または無償で農地を借り受け、非農家出身者が新規就農（以下、新規就農）することを指している（図２－１）。

なぜ、東京都内では、農地の貸借は困難であると言われているのであろうか。

このことは農地制度が大きく関係している。

まず、農地の貸借には法律上の手続きが必要となっている。とくに、新規就農をするにあたっては、生活の基盤となる借りた農地の権利は、法律で保護していかなくてはならない。

農地の制度というのは、極論すると、その根底に「農地は個人所有であっても農業を営む者が利用すべき」との考えを持っており、その農業を営む者になれば、少額で農地を借りることが可能となる法制度上のシステムがとられている。

農業を営む者とは、要件として、全部効率利用要件（①技術、②機械、③労働力、④計画の実現性、⑤資金など）や常時従事要件（原則年間１５０日以上耕作ができる）などを満たす必要がある（１２０ページ）。

そこで、東京都内は、どのような状況になっているのであろうか。

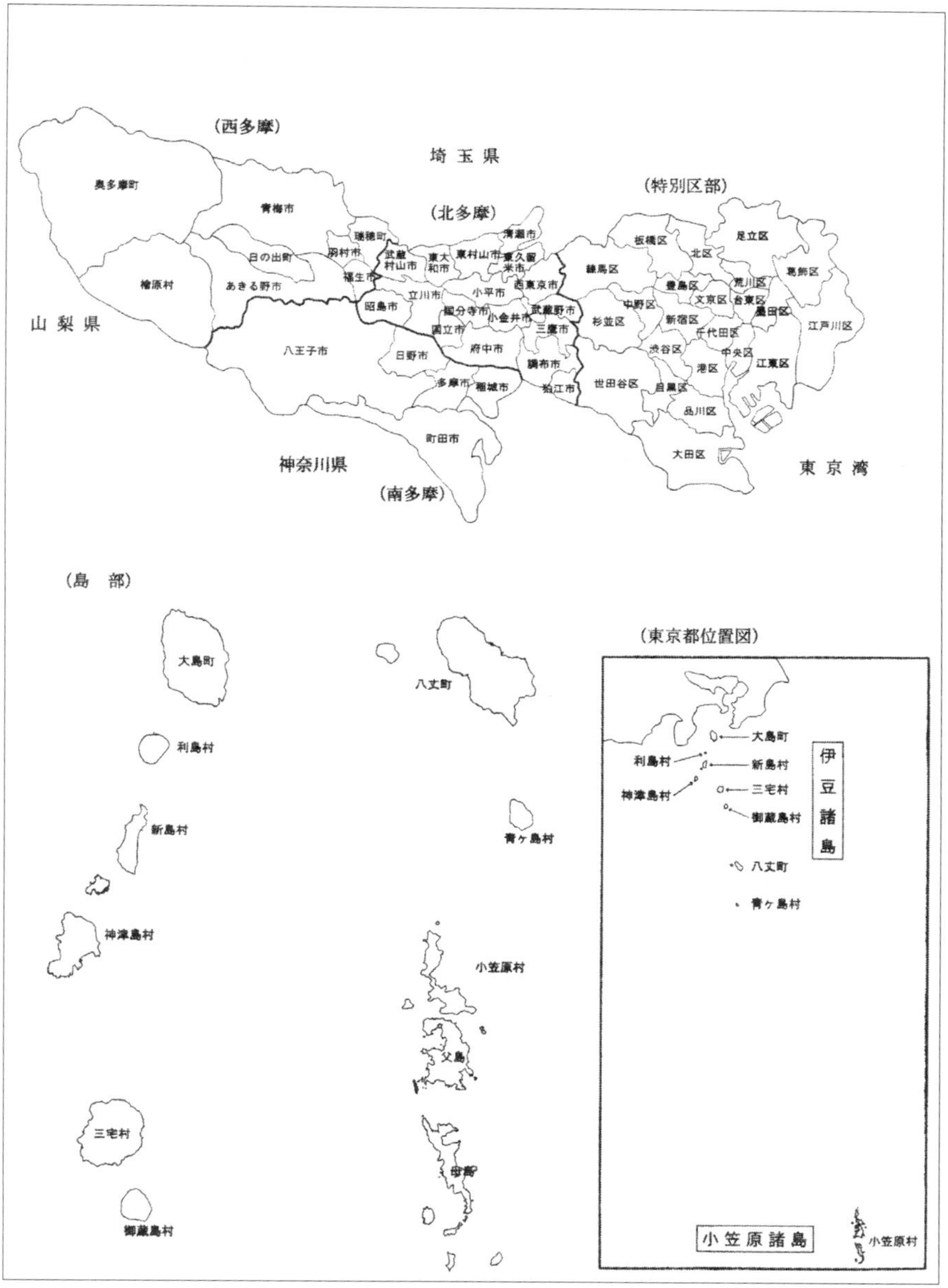

図 2-1　東京都区市町村図

2 東京都内の農地の状況と農地の貸借と法律

まず、東京都内は、島しょ地域を除くと、農地の約66%が都市計画区分の市街化区域にある(15ページ)。ただでさえ、農地面積が全国一少ない東京都にあって、市街化区域に農地のある割合が極めて高いという特殊性がある。市街化区域は、いわゆる都市計画上の開発地域である。土地の評価が高く、それに伴い、固定資産税や相続税が高額となっている。

そのため、市街化区域は、全国的に農地の貸借の制度の主体となっている農業経営基盤強化促進法の農地利用集積計画による農地の利用権設定（貸借）は、法律で明確に「対象外」の地域と指定されている。（同法第17条第2項）

これにより、農地の貸借は、農地法で手続きを行なうこととなるのだが、農地法による農地の賃貸借（賃借料を支払い借り受けること）は、借り手の権利が強くなり、10年以上の賃貸借の契約を除き、貸し手と借り手の両者の同意がなければ、賃貸借は貸し手の都合などでは解除できず、賃借権は相続までされる。これがいわゆる「農地を貸したら返してもらえない」という古くからの認識の要因となっている。農業経営基盤強化促進法の農地利用集積計画による利用権設定（以下、利用権設定という）であれば、賃貸借の期限が来れば必ず貸し手に返還されることになる。

余談だが、農地法であっても、使用貸借による権利の設定（無償で農地を借り受ける）の場合は、期限が来れば貸し手に返還はされる。

ただし、東京都内の市街化区域の農地は、農地制度以前に、生産緑地法（137ページ）と相続税等納税猶予制度（164ページ）という都市農地の維持に欠かせない2つの制度が前提となり成り立っている地域であることをまず考慮しなくてならない。生産緑地と相続税等納税猶予制度は、所有者などが、自らの意思で、農地に指定したり適用したりしたという点では共通しており、同じような制度であると認識されがちだが、両制度は全く異なる制度である。

3 生産緑地

——貸借をした場合は相続時に所有者に不都合が生じる

生産緑地は、都市計画関連制度で、都内の区市の市街化区域の農地では、所有者が、生産緑地に指定するか、指定しないかを過去のどこかで選択をしてきた（指定しない農地は「宅地化農地」と呼ばれている）。

あらためて市街化区域の固定資産税（都市計画税含む）は高額である。固定資産税は、23区では都税で、市町村では市町村税であって、農地の所有者などは毎年納税する義務が生じる。市街化区域の農地が生産緑地に指定されると、固定資産税は、1000㎡（約300坪）当たり、例えば年80万円ほどであったものが、年4000円近くまで評価減がされたりする。これにより、農地として維持できるのだ。

そのため、約束事があり、生産緑地に指定されると、指定から30年経過するか、または、主たる従事者の死亡や故障がない限り、生産緑地の指定（行為制限）を解除する（区市長に生産緑地の買い取りの申し出をすることができず、農地として維持し続けなくてはならない（139ページ）。

もちろん、農地以外とする転用も規制され、例えば、所有者が生産緑地を勝手に貸駐車場などに転用するようなことがあれば、自治体から原状回復命令が発出される。

生産緑地は、都内区市の市街化区域の農地の約8割近くが指定を受けている。

ここで、生産緑地の貸借のポイントだが、すでに行為制限の解除を理由なく申し出できる「第一種生産緑地」という例外を除き、その他のほとんどの生産緑地は指定から30年を経過していないため、生産緑地を解除する事由は「主たる従事者の死亡や故障」に限られる。

そのため、生産緑地を貸し付けてしまうと、主たる従事者はその生産緑地を借りている人ということになり、所有者の死亡や故障で生産緑地の解除はできない（市民農園に同じ）。さらに、借人の死亡や故障により、所有者がその生産緑地を解除しようとした場合は、借人との貸借を解約しなくてはならないという条件まで加わってしまう。つまり、生産緑地を貸すことは、とくに相続時を考えた場合、その所有者に相当な不都合が生じるということになる。

4 相続税等納税猶予制度
――生産緑地を貸し付けると基本的に適用外

次に、相続税等納税猶予制度である。

相続税等納税猶予制度は、文字どおり、国税である相続税の納付を猶予する制度で、租税特別措置法に規定されている。

現在、市街化区域の農地は、農地所有者の相続があるたびに減り続け、それが農地減少の第一の要因と言われている。

相続税は、例えば父親の死亡によりその妻や子どもが父親の財産を引き継ぐときに課せられる国税で、一定の控除や評価減などを受け、差し引いた残りの引き継ぐ財産の額に課税される。これにより、財産価値の高い資産、例えば都心部で代々父親が個人で営んでいた工場の敷地などを遺族が引き継いだ場合、相続税を支払うために遺族は一定の資金を用意する必要が生じ、引き継ぐ予定の工場用地を売り払い、事業を閉鎖することなどがしばしばおこる。都心部で地域の財産といわれる建物や緑が突然失われ、開発されることは、相続がきっかけとなるケースが多いのではないか。

さて、市街化区域の農地はどうであろうか。市街化区域の農地は、まず、そこが生産緑地であろうが宅地化農地であろうが、相続で親から農地を引き継ぐ際は、近くの宅地の価格を基準に評価された財産を受け取ったと見なされる。

例えば、3000㎡の生産緑地を親から子が引き継ぎ農業を続けようとした場合、相続税の計算をするにあたり、約900坪の一般的な土地を引き継ぐと見なされる。そうなると、都内では莫大な財産を引き継いだこととなり、同時に相続税の額も莫大となる。

そこで、東京都内の区市の市街化区域農地を親から引き継ぎ、その農地で農業を継続していく場合、その引き継ぐ農地が生産緑地であることに限り（羽村市とあきる野市の一部を除く）、相続税等納税猶予制度の適用が受けられる（164ページ）。

相続税等納税猶予制度とは、東京都内では、親から引き継いだ生産緑地の畑が、相続税の対象としてどんなに高額に評価されようと、1000㎡当たり84万円の財産を引き継いだと見なす制度であり、差し引いて猶予された相続税は、その生産緑地に財務省の抵当権が設定される。

もちろん、相続税が猶予されるということは、適用を受けるための要件があり、東京都内の市街化区域の区市では、まず相続税等納税猶予制度の適用を受けるためには、①生産緑地であること（羽村市とあきる野市の一部を除く）、②**貸し付けている農地でないこと**（貸し付けている場合は所有者の死亡により適用を受けることができない）、③農地を引き継ぐ者が所有者の死亡から10か月以内に農業を開始すること、などが要件となる。

さらに、制度を適用した後、適用を継続するためには、東京都内の市街化区域の区市では、その農地で、①農業経営を継続し続けること（3年間ごとに税務署へ農業を継続していることを報告する義務あり）、②生産緑地の指定を受け続け、終生農業を行なうこと（羽村市と一部あきる野市を除く）、このことにより、疾病等により営農が困難になった場合を除き、その農地を**貸し付けないこと**、③売買を行なわないこと、④農業用の施設以外に転用を行なわないことなどの要件を守っていくことが必要となる。

この約束事を守れなかった場合は、制度の適用が打ち切りとなり（期限の確定という）、基本的に2か月以内に猶予されていた相続税額に利子税を付して税務署に納付しなくてはならない。つまり、相続税等納税猶予制度の適用を受ける場合も受けた後も、生産緑地を貸し付けてしまうと、基本的に適用外となるのである。

5　市街化区域の農地の貸借は？

いろいろと述べてきたが、生産緑地の指定を受けていない市街化区域の農地（宅地化農地）についても、固定資産税が高額であり、農地を借り受けることは現実的ではないことを付け加え、**結論として、市街化区域の農地の貸借はできないと考えるべきである。**

この現状に対し、東京都は、平27年4月22日に都市農業振興基本法が施行されたことなどを受け、生産緑地や市街化区域の相続税等納税猶予制度適用農地で貸借が行なえるよう、国家戦略特区として都市農業特区による制度改善を提案している(平成27年8月現在)。

6 市街化調整区域

——課税額が低く抑えられる

では、東京都内で市街化区域以外の農地はどのようになっているのであろうか。

東京都内で、都市計画区分として、市街化区域と市街化調整区域とが区分されていない区市町村は、奥多摩町と檜原村と島しょ地域の町村のみである。

つまり、そのほかの区市町の農地は、市街化区域か市街化調整区域かのどちらかに必ず属しているということである（12ページ）。

そこで市街化調整区域であるが、市街化調整区域は、都市計画上、市街化区域に対し開発を抑制する区域である。

このため、市街化調整区域の農地の固定資産税や相続税は課税の評価が低く、市街化区域の農地とは比較にならないほど税額は低く抑えられている。

もちろん、農地の固定資産税の評価を下げる生産緑地の指定区域外である（指定する必要もない）。

相続税等納税猶予制度については、市街化区域と異なり、相続税等納税猶予の適用を受けている農地を、利用権設定により貸し付けても相続税等納税猶予制度の適用は継続され、さらに利用権設定により貸し付けている農地は、将来、農地所有者に相続があった場合に、相続税等納税猶予制度の適用を受けることが可能である（相続税額の評価が低いため、市街化調整区域の農地で相続税等納税猶予制度の適用を受けるケースは少ないが）。

また、開発を抑える区域であるため、市街化調整区域の農地は、他の用途に転用し利用することが、農地法や開発許可制度などにより厳しく制限されている。

つまり、親から市街化調整区域の農地を子どもが相続しても、分家住宅など一部のものを除くと、基本的に農地として継続利用しなくてはならない。一方で、維持にあたり、固定資産税は低く抑えられている。

余談だが、このことについては、政府が平成27年6月30日に閣議決定した日本再興計画改訂2015と規制改革実施計画において、所有者などが農地を利用せずその農地が遊休化した場合は、固定資産税などの課税を強化することを検討に盛り込んだ。

ここで、もうひとつの農水省サイドの区域区分である農業振興地域であるが、東京都内では、島しょ地域を除き、すべて市街化調整区域の中に設定されている（市街化調整区域の農地がすべて農業振興地域に指定されているわけではない）。

7 東京都内（島しょ地域を除く）で農地を借りる

――新規就農するのは市街化調整区域

さて、結論だが、**東京都内（島しょ地域を除く）で、農地を借りるということは、市街化調整区域の農地を借りると置きかえて考えるべきだということである。**

市街化調整区域や市街化区域も存在しない奥多摩町や檜原村においても、もちろん農地法によって、農地を借りることは可能であるかもしれないが、地元で農業を営んでいる人を除けば、町村内で山林の占める面積割合が90％以上で、獣害が多く、平坦地がほとんどない農地を借りて耕作する、とくに新規就農して収益を出して生活していくことは、相当困難であることは想像に難くない。どちらかというと、定年退職者などが家や農地（農地制度の条件を満たす必要）を購入し、農業を営むことが適している地域と言えるであろうか。

さて、市街化調整区域で、ある程度農地面積のある東京都内の市町はどこであろうか。①青梅市、②あきる野市、③瑞穂町、④日の出町、⑤八王子市、⑥町田市、⑦瑞穂町の7市町である。したがって、東京都内（島しょ地域を除く）の新規就農者は、すべてこの7市町で農地を借り農業を始めている。

ただし、この7市町の面積を合計しても、いわんや島しょ地域の農地を含めても、道府県と比べると、農地を借りることができる地域の農地の面積は極端に少ない。つまり、面積が極端に少ないわけだから、新規就農、農地探しも、それに比例して困難になると言わざるを得ない。いや、東京では新規就農はできないという考えに、自分も含め、つながっていたのであろう。

ここで、東京都内の市街化調整区域の農地を利用することを考えた場合、ひとつ念頭に置かなくてはならないことを付け加えたい。

それは、水のある農地が少ないということである。都市整備も抑えるということであり、さらに東京都内開発を抑える地域ということは、上下水管の設置などは水田が少ない、つまり農業用水をはじめとした水路が少ないということである。

また、借りた土地で投資をして井戸を掘るというのも、現実的ではない。

東京で農業を始める場合、まず、水を極力使用しない野菜の露地栽培から始め、その後、農地を購入する、または水を引ける農地を借り、そこへ投資をしてハウスや井戸などを設置し、高収益農業を実現していくというスタイルの就農手法をとる、またとろうとする新規就農者が多いのではないか。

8　東京都農業会議の新規就農相談

東京都農業会議では、昭和62年度から、新規就農ガイド事業をスタートさせ、新規就農の相談に応じてきた。しかし、上述のような東京都内の農地の状況から、他道府県での新規就農を促すことなどに終始してきた。

平成18年度より私が新規就農相談の主担当となったが、その当時も相談があった場合は、「都内は難しい」という説明に終始し、他道府県の新規就農の情報などを提供していた。

このようななかでも、全国新規就農相談会の新農業人フェアなどに「東京都新規就農相談センター」のブースを出展し、「東京で新規就農が可能なのか」との相次ぐ質問に「島しょ地域に移住すれば可能かもしれない」などと応じ、もちろん、参加者は、東京＝島しょといったイメージがあるわけはなく「島しょ以外での就農が不可能ならば、なぜこのようなブースを出すのか」と怒って席を立つ相談者を、ただ見送っていた。

9　本当に東京都内では島しょ地域以外に新規就農はできないのか？

見出しの問いは、私が東京都農業会議という職場に就職した、何も知らない若造であった20歳代の頃から持っていた疑問であった。というのも「東京農業の力になりたい」と意気込んで就職したものの、「どうやらこの職場は、農地は減る、農業者は減る、ということを前提に仕事をしている」と気づいたからである。

この疑問を正直に上司にぶつけてみたが、答えは「もっと勉強しろ」であった。さすがに、何も知らない未熟者であることをあらためて自覚し、徐々に知識や経験を身につけていくうちに、「まず第一は、これ以上農地や農業者を減らさないこと、少なくともそのスピードを止めること」が、この仕事の第一の使命であることを、自然に自覚していった。

東京都農業会議という組織は、区市町村の農業委員会の都道府県段階の組織で、農業委員会の業務の支援などを主な業務としている。

区市町村の農業委員会は、法律上、多様な業務を担っているが、公平性が求められる許認可を扱うという点では、農地制度に関する業務が主軸になっている。その農業委員会が取り扱う農地制度関連の許認可業務の手助けをする役割も農業会議にはあり、私は20年以上、その担当となっている。

東京都内の市街化調整区域にある農地を農地以外に転用する場合は、農地法による東京都知事の許可が必要となり、厳密な審査がされる。さらに、都市計画上の開発許可も得る必要がある（開発を抑える地域であるため）。農地転用の許可要件をかいつまんで言えば、①その農地が転用ができる場所にあるのか、②どうしても必要な転用事業なのか（他の場所ではできないのか）、③転用計画は的確なのかなどで、その観点から審査される。つまり、市街化調整区域は、農地を多用途に利用することを制限し、農地を農地として維持することを誘導する地域であり、一方で耕作する人や労力は減少している。

農地法における市街化調整区域の農地転用の手続きは、平成28年3月までは、農業委員会で許可申請書を受け付け、東京都に進達し、東京都はその農地転用を許可するにあたり東京都農業会議に諮問するといった仕組みとなっている。その諮問を受けるにあたり、東京都農業会議は、常任会議員である区市町村の農業委員会長と現地調査を行なう場合がある。

ある時、担当である私と一緒に、ある市の農業委員会長と市街化調整区域の農地転用の現地調査を実施し、その帰りに「実は私には、これから農地以外になる土地にはまったく興味がないのです。これから農業を始めようとする仲間を増やすことをもっと考えたい」と、篤農家でもあるその農業委員会長が私にぼそっと話しかけてきた。

この言葉に、後日、私は「はっと」した。自分は農地転用を制限することで農地の減少を阻止するという使命感にあふれていたので、頭を殴られたような気持ちになったのである。しかし、実のところ、そのことを言われたときには、すぐにはその言わんとすることが理解できなかった。それほど、自分の考えから、農家を増やすといった考えがすっぽりと抜け落ちていたのだ。

このことは、「島しょ地域以外の東京都内で、本当に新規就農できないのか」を、仕事の経験を積み、ある程度の人脈ができつつあったこの時期に、再考するきっかけとなった。

10 新たな兆候

このようななか、日の出町で、市街化調整区域における利用権設定により農業者が農地を借り受けた話や、中野区で花き栽培をしていた生産者が、相続の関係で農業を継続することができなくなり、瑞穂町の市街化調整区域の農地を利用権設定により借り受け、花き栽培経営を継続することができたという話が、舞い込んできた。

とくに瑞穂町の話は、衝撃的であった。実態としては、法律の手続きを経ずに農地を利用し合うケースのほうがめずらしくないと思われるなかで、町外の農業者を、法律の手続きを経て、瑞穂町が受け入れたからである。この当時から、瑞穂町農業委員会の職員の方々には、よくしてもらっていたので、上記の話の詳細をたずねたりした。

そうこうしているうちに、東京都農業会議にも、東村山市の認定農業者である鈴木泰男さん（現（株）いなげやドリームファームの業務執行役員、平成27年現在）から、「農地を借りて規模拡大したい」といった相談を受けた。一方で、これまで学校に瑞穂町の市街化調整区域の畑を貸していた農地所有者から、「誰か農地を使ってくれないか」という話があった。両ケースの結び付けを瑞穂町農業委員会に依頼し、利用権の設定を行なうという成果も出はじめてきた。

11 都内（島しょ地域を除く）初の正式な新規就農者の誕生

こうなれば、次は新規就農である。あいかわらず、新規就農の相談は途切れることがない。そこで、東京都内での新規就農について、整理して考えてみた。

まず、なぜ東京都内で非農家出身者は新規就農ができないと言われているのであろうか。その理由を考えると、

① 農地を借りるための農地制度のハードルが高い。
② 他人に農地を貸す人なんかいない。
③ 東京都内は貸すことができる農地は少ない（市街

化調整区域の農地が少ない)。
④農業ではメシが食えない。(例えば野菜なら、出荷時期が重なるのに保存がきかない、原材料として扱われると価格が低くなるなどの理由で)
⑤そもそも農業を職業としてまじめに考え、都内で新規就農しようとする人はいない。
⑥農業の社会に非農家出身者は馴染むことができない。
などである。

ここで農地制度をひもといてみると、農地制度においては、「農地は農業をする人のためにある土地である」との理念を持っているので、「農地制度において新規就農は?」と問うと、その答えは「イエス」である。ただし、農地には所有者があり、農地を借りるにあたっては、その所有者の理解がどうしても必要不可欠となる。

であるなら、東京都内に新規就農したいと思う人は、次の条件を乗り越えれば、その希望をかなえる可能性が開けると考えた。
①農地を借りるための条件をクリアする。
②東京都内であれば、どこでも就農しようと考える(=東京の地産地消というブランドを手に入れることを第一の目的とする)。
③土地と農作物と生きることについて真剣に考えてみる(=農地を貸してくれる人や周囲の地域の人たちとの関係をどうするのか、農作物でどう利益を生むのか、生活スタイルをどう確立するのかなど)。
そうすることで、「新規就農できない」という固定観念をくつがえし、農地を安く借りられる人が生まれてくるのだ。

そこで、「都内の新規就農が本当に実現するのではないか」という妄想に近い考えを持つようになっていった。あとはそのチャンスを待つという状態だった。

そのようなときに、井垣貴洋・美穂夫妻が、新規就農の相談のために、東京都農業会議の事務所に訪れてきた(写真2-1)。

何か思いを持っている感じで、とても印象がいい。このとき私は二日酔いで、そのせいか勢いがあった。二人は、まだ農業の研修などは受けていないようであったが、私はこの二人に賭けることに「決めた」のである。「やる気があれば何でもできる。応援するよ」

と二人に言った。すると二人の顔が輝いた。こうして私は、自分で自分を追い込んだ。あとはやるしかない。

私は、上述のように付き合いのあった瑞穂町を新規就農の候補地にあげたが、井垣夫妻はぴんと来ていないようであった。ただし、二人は西東京市に住んでいたので、土地勘はあったようだ。その後、井垣夫妻は、川崎市に引っ越し、世田谷区の野菜生産農家で研修を始めた。

写真 2-1　都内初の新規就農者、井垣貴洋・美穂夫妻（瑞穂町）

次は私の番である。東京都内での新規就農に真っ正面から取り組むには、どうしたらよいのか。このことを真剣に考え始めた。

まず、次のように構想してみた。①確かに市街化調整区域などの農地の遊休化は農業界では大きな課題であるが、東京都において、とくに都市的地域の市町において、多様に存在する行政課題の中での優先順位はどうなのか。たぶん、最上位に位置するものではないであろう。②自分の仕事上の人脈として、農業委員会の職員や農業委員以外からの協力を得るのは難しそうである。③新規就農を生み出すという課題に時間をかける余裕はない。ならば、ゲリラ的にやるしかない。自分には、やはり瑞穂町農業委員会に働きかけるしかない。以上のように結論したのである。

では、瑞穂町農業委員会に、何をしてもらうのか。それは、①農地の貸し手を探してもらう、②前例のないことだが、覚悟して取り組んでもらうこと、である。

その当時の瑞穂町農業委員会の職員には、何でも話を聞いてくれる係長、前向きな若手職員、そして、地域に詳しい課長が在籍していた。

そして私がすることは、法的な事柄をバックアップすること、農業委員会長をはじめ関係者に理解してもらい新規就農に取り組みやすい環境をつくること、井垣夫妻を信じて責任を持つことである。

そして、1年間の研修を終えた井垣夫妻は、瑞穂町に転居し、綿密な営農計画・資金計画を作成して、その堅い決意を農業委員会に伝えた。

こうして、ついに、平成21年3月、瑞穂町農業委員会から農地のあっせん（利用権設定）を受けて、東京都内初といわれる新規就農者が誕生したのである。

12 都内で初の新規就農者が誕生してから

この新規就農は、新聞の地方版などにも報道されて、ある程度知られることとなった。それがきっかけで、瑞穂町の若手農業者（農家の婿など）や東京都の職員などで、応援してくれる人が現われた。

なかでも、立川市の農家である山本勝三さんは、「井垣さんを応援したい」との連絡を受けてから今まで、新規就農者などに農地を紹介してくれたり、研修生を受け入れてくれたりした。こうして山本さんは、都内における新規就農のはじめての農家としての理解者となり協力者となった。

平成21年12月15日には、農地制度関係法制度の改正法が施行され、市街化区域以外で相続税等納税猶予制度の適用を受けている農地を利用権設定で借り受けたり、農地利用集積円滑化団体が設置できるようになった。このことが、市街化調整区域での農地の貸し借りを後押しするようになる。

平成22年には、あきる野市農業委員会が中山喜一郎さんに農地をあっせんしてくれたことを皮切りに、青梅市や瑞穂町で新たに新規就農者が誕生した。

13 新規就農希望者経営計画支援会議を設置

ただし、新規就農する手法は、あいかわらず農業委員会に協力や農地のあっせんを求めていくやり方であったが、この手法が、私の知らない間に、農業委員会以外の関係者の間での大きな批判につながっていた。その批判について、増え続ける新規就農希望者をどう就農させるかに、毎日頭を悩ませていた私は、全く気がつかなかった。

確かに考えてみれば、農地の利用権設定を受ける要件である、①市町村基本構想に定められた効率的かつ安定的な農業経営を営もうとする者であること、②全部効率要件（121ページ）を満たす者であること、③常時従事要件（121ページ）を満たす者であること、以上の要件を、野菜ひとつつくれない自分が判断して、新規就農の推薦をするのはおかしい気がする（もちろん新規就農者は、みな農業の研修などは受けてきているのだが）。

批判は当然だった。ただし、この批判は、新規就農に対する関心の現われではないか。また、非農家出身の新規就農希望者の研修機関もない東京都においても新規就農を支援するきっかけとなるのではないか、とも考えたのである。

このような状況のなか、当時の東京都の担当職員の方が、新規就農希望者が一定の研修を受けた後、東京都農業会議が市町村や農業委員会に農地のあっせんを依頼する前に、関係者が新規就農の経営計画を助言する「新規就農希望者経営計画支援会議」を、東京都担い手育成総合支援協議会の幹事会の中に設置して、東京都全体として新規就農者を育てていこうという姿勢を打ち出してくれた。

このことにより、東京都の行政としての新規就農支援が、本格的に始動した。

この仕組みは、東京都の独自の制度として定着し、現在も大勢の新規就農者や新規参入法人がこの会議を経て、東京都内での新規就農や新規参入を果たしている（図2－2、図2－3、図2－4）。

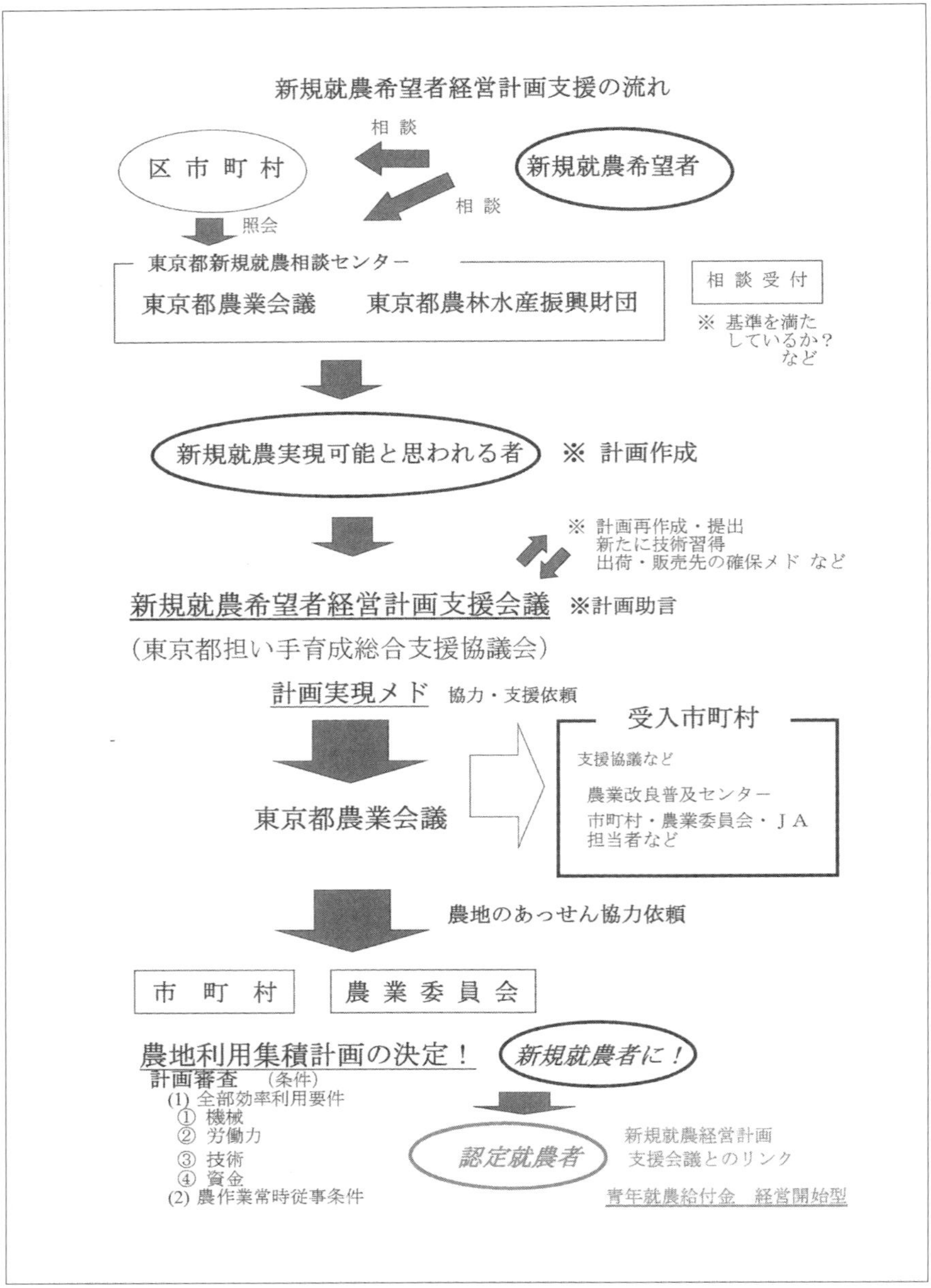
新規就農希望者経営計画支援の流れ
相談
区市町村
新規就農希望者
相談
照会
東京都新規就農相談センター
東京都農業会議
東京都農林水産振興財団
相談受付
※ 基準を満たしているか？など
新規就農実現可能と思われる者
※ 計画作成
※ 計画再作成・提出
新たに技術習得
出荷・販売先の確保メド など
新規就農希望者経営計画支援会議
※計画助言
（東京都担い手育成総合支援協議会）
計画実現メド
協力・支援依頼
受入市町村
支援協議など
農業改良普及センター
市町村・農業委員会・ＪＡ
担当者など
東京都農業会議
農地のあっせん協力依頼
市町村
農業委員会
農地利用集積計画の決定！
新規就農者に！
計画審査 （条件）
(1) 全部効率利用要件
① 機械
② 労働力
③ 技術
④ 資金
(2) 農作業常時従事条件
認定就農者
新規就農経営計画
支援会議とのリンク
青年就農給付金 経営開始型

図2-2 新規就農希望者経営計画支援の流れ

新規就農希望者経営計画支援会議　設置要領

東京都担い手育成
総合支援協議会
平成２４年８月改定

１．趣　旨
東京都内で新規就農を目指す非農家出身者は、年々増加し、年齢は２０才代〜６０才代までと幅が広く、特に４０才未満の若者層は顕著に多く、あらためて農業という職業が見直されている。

農地制度の改正により、農地の貸借の制度が整備され、新規就農を目指し資金を貯め農業の研修を積む者があり、都内市町において農地をあっせんする体制が整いつつある。

このようななか、都内での新規就農は、現行制度上、市街化区域以外に限られるものの、農業委員会が不耕作地を含め農地のあっせんを進め、新規就農者が誕生している。

今後は、限られた取り組みとしてではなく、農地の効率的な活用を進め、地域に活力を与える新たな担い手として確保するため、新規就農希望者が経営計画を作成するにあたり、助言および支援することを目的に本会議を設置する。

２．構　成
本会議は、東京都担い手育成総合支援協議会幹事会内に設置し、下記の機関・組織の担当者を委員として構成する。

【組織・機関】
(1) 東京都農業振興課
(2) 東京都西多摩・南多摩・中央農業改良普及センター
(3) 東京都島しょ農林水産総合センター
(4) 東京都農業振興事務所
(5) 東京都大島支庁・八丈支庁・三宅支庁・小笠原支庁
(6) 東京都農林水産振興財団
(7) 東京都農業協同組合中央会
(8) 東京都農業会議

３．対象者
別紙の基準を満たし、本会議において経営計画書の助言を受けたい者

４．内　容
新規就農希望者が作成した経営計画書について、助言等を行う。

５．経営計画作成後の就農等について
東京都担い手育成総合支援協議会は、東京都農業会議を通じ、農業委員会に本会議の助言等を受け経営計画を作成した新規就農希望者に対して、農地のあっせんの協力を依頼することができるものとする。

なお、新規就農希望者に農地をあっせん予定の市町村においては、支援協議など行うものとする。

６．その他
なお、非農家出身者等が都内で新規就農する方法については、これに限られるものではない。

図2-3　新規就農希望者経営計画支援会議　設置要綱

新規就農希望者経営計画支援会議の対象者の基準

新規就農希望者経営計画支援会議開催要領３で定める対象者は、次の基準を満たす者とする。

１．就農希望地
東京都内

２．所得目標（就農から５年後）
年間農業所得３００万円

３．就農後の農業従事日数
年間１５０日以上

４．対　　象
(1)　１５才以上４０才未満の者
おおむね１年間以上継続して、認定農業者あるいは農業改良普及センターが推薦する者、または道府県農業大学校等の教育施設で研修を受けた者および農業生産法人等で勤務し農作業かつ農業経営等に携わった者。

(2)　４０才以上６５才未満の者
おおむね６ヶ月以上継続して、認定農業者あるいは農業改良普及センターが推薦する者、または道府県農業大学校等の教育施設で研修を受けた者および農業生産法人等で勤務し農作業かつ農業経営等に携わった者。

(3)　６５歳以上の者
上記(1)もしくは(2)について、農地法第２条第２項で規定する世帯員等によって満たし、かつ農業経営の継続が可能であると認められる者。

(4)　法人経営
法人が農業経営に参画する、もしくは農地を利用するため、その法人として、はじめて農業経営基盤強化促進法による利用権の設定等を受けようとする際に、事前に本会議において経営計画等に対する助言を受けることができる。

図2-4　新規就農希望者経営計画支援会議の対象者の基準

14 東京NEO-FARMERS!の誕生

新規就農が4人ほど誕生した平成22年頃から、新規就農者や瑞穂町の若手農業者などが、たびたび集まるようになった。いわゆる飲み会だが、今後の新規就農や新たな取組みなどのお互いの考え方をぶつけあいながら、酒の力を借りて、かなり熱くなり議論することもあった。

この会合は、私にとっても、新規就農という仕事のモチベーションとなり、送り出した新規就農者の様子を知る絶好の機会ともなった。そこで、月例会と称し、月に一度は集まろうという話になり、平成23年4月頃から、毎月開くようになった（写真2-2）。

月例会によっては、例えば、私が新規就農の相談を受けるにあたり「東京都内の新規就農の現実はどうなのですか」などの質問を受けた際に「それなら月例会に参加してみれば」という提案ができるようにもなり、新規就農希望者にとっても、新規就農者に質問をぶつけられる場ができることになり、さらに同じく新規就農を目指す仲間をつくる機会ができることともなった。現在までこの会合は続いているので、東京都内の多くの新規就農者は、何らかの形でお互いを知っているのではないだろうか。

月例会を続けていると面白いもので、「新規就農を応援したい！」と参加してくれる人も出てくるようになってきた。

そのような感じで、月例会の参加者も徐々に増えていき、月例会で集まった何人かでマルシェに出店したり、話合いを持つといった活動につながっていった。

そして、ある月例会で、いつも新規就農者を応援してくれているデザイナーの江藤梢さんから「このグループに名前をつけたい」という提案があり、実は、すでに何人かが集まって、このことを検討してきたという。そこで、「東京ネオファーマー」という名前の案が出されたので、「東京NEO-FARMERS!」と少しアレンジをして、この月例会の名前とした（写真2-3）。

ただし、従来の月例会に名前をつけるのだから、こ

写真2-2　月例会で。女性として瑞穂町で新規就農を果たした中居樹里さんを祝って

写真2-3　東京NEO-FARMERS！のメンバーと（青梅市、平成27年7月）

れまでどおりメンバーは、東京都農業会議を通じて、①新規就農した者、②新規就農を目指す者、そして、③新規就農を応援する者とした。そして、リーダーもなし、決まりごともなしで、「東京ＮＥＯ-ＦＡＲＭＥＲＳ！」という名前も、お互い必要なときに自由に使ってよいこととした。その後、江藤さんを中心にしたメンバーが、ロゴマークや出荷シール、リーフレット、ポスターの作成や、ホームページ、フェイスブックの開設などを、ほぼボランティアで手がけてくれた。

このことによって、徐々に、東京都内の新規就農者の存在や活動が広まっていった。

さて、名前が決まったので、次はお披露目である。まず、その頃からメンバーともに参加していた「新農業人フェア」が平成24年10月に開かれるということで、はじめて、東京ブースに「東京ＮＥＯ-ＦＡＲＭＥＲＳ！」のポスターを掲げ、来場者の相談にメンバーが応じながら、東京都内の新規就農者やその活動をＰＲした。

さらに、同時期に「東京都農業祭」に参加しないかといった誘いをいただき、平成24年11月に、はじめて、「東京NEO-FARMERS!」という名で、多くの東京都内の農業者に混じりながら、メンバーが直売に取り組んだ（写真2-4）。

そして、そのような活動を続けていくうちに、ついに平成26年12月には、月例会を開いている福生市にある「いなげや福生銀座店」にて、「東京NEO-FARMERS!」の常設売場が誕生した（写真2-5）。

写真2-4　東京都農業祭で、はじめて東京NEO-FARMERS！の名前で直売に取り組む

15　広がる東京都内の新規就農の取組み

さて、話を少し戻し、新規就農希望者経営計画支援会議が設置されてからのことである。まず、平成23年5月から農地利用集積円滑化事業をスタートさせた町田市が、新規就農の取組みについては東京都農業会議と連携をはかることを明確に打ち出し、新規就農希望者経営計画支援会議で助言を受けた者は、町田市の「担い手バンク」に登録できることを規定に定めてくれた。

これは非常に意義深いことで、町田市に新規就農を希望する者は、新規就農希望者経営計画支援会議を経れば、借り受けることができる農地の情報が年2回届くことになるのだ。町田市の農地利用集積円滑化事業（104ページ）については、その当時に担当となった新人職員の熱意が、この事業を動かしていったことを付け加えたい。その結果、町田市では、平成27年4月までに、20経営体が新規就農または新規参入している。

写真2-5　いなげや福生銀座支店の東京ＮＥＯ－ＦＡＲＭＥＲＳ！の販売コーナー

さらに、町田市に引き続き、東京都内で市街化調整区域に農地がある市町が次々に東京都農業会議と連携して、新規就農に取り組むといった方針を打ち出してくれた。

平成24年度には、新規就農者に対する助成金として、青年就農給付金が農林水産省の事業としてスタートし、準備型（研修期間）として2年間、経営開始型として（新規就農開始から）5年間にわたり、国が給付金を支給する仕組みが創設された。

これにより、新規就農相談が増えたことは肌で感じたが、東京都内においては、新規就農希望者を受け入れる機関や指導農業士などが存在しないことから、準備型は実施しない方針を東京都が決定した。一方で、経営開始型は、市町村が実施するという方針であれば、都内でも実施することとした。

このように、青年就農給付金は、国の事業であっても、東京都が予算化や事業化をしている。そのうち経営開始型では、市町村が新規就農者を人・農地プランに位置づけ、最近では認定新規就農者としない限り、受給できない仕組みとなっている。さらに、給付後は、新規就農者から詳細な報告を受けるなど、市町村の職員は、さまざまなフォローアップをしていく必要がある。

東京都内では、平成28年1月時点で、島しょ地域を含め8市町村が本事業を実施している。

16 東京都内の農家や法人が多くの研修生を受け入れる

新規就農希望者経営計画支援会議がスタートしてから、会議の場などで、あることが指摘され、頭を抱えた。それは「東京の農業を知らないと、新規就農1年目から東京で農業経営をすることは困難」という指摘である。

これは、もっともな指摘であるが、真っ正面から受け止めれば、東京都内で研修をしないと新規就農はできないといった意味にとらえることができる。ところが、東京都内においては、新規就農希望者が研修を受ける公的機関はない。

これまで、立川市の山本勝三さん自身からの依頼で、研修生を受け入れてもらったことはあった（後に瑞穂町に新規就農した井上祐輔さん）。

さて、どうするか。

そこで、まず、瑞穂町の若手農業者である近藤隆幸さんや近藤剛さんに相談を持ちかけたところ、快く研修生を受け入れてくれた（写真2－6）。

しばらくすると、この話が広がったのか、多くの農業者や新規参入した法人から、東京都内に新規就農を希望している若者がいるならば、研修生として受け入

写真 2-6　いち早く研修生を受け入れてくれた瑞穂町の近藤ファームの近藤剛さん（右から２人目）と研修生たち（平成２８年１月）。川久保敦史さん（左から２人目）は平成２８年１月に瑞穂町で新規就農。森田阿佑美さん（左端）は東京農業大学の学生

れたいとの連絡を受けるようになった。

ただし、受け入れてくれる農業者の方や法人には、「研修希望者は、もちろん将来は新規就農したいという意向があるので、技術を教えながらも、それでいて新規就農するために貯めてきた貯金を崩さないように、ある程度の給料は支給してもらいたい」という厚かましいお願いをしたところ、みな快く承諾してくれた。

一方で、女性ひとりで東京都内で新規就農したいとの相談も受けており、その研修先を東京都内で探すのはなかなか困難であったが、立川市の鈴木農園の鈴木英次郎さんが率先して受け入れてくれた。本当に頭が下がる思いであった。

このように、最近の新規就農者は、ほとんどが都内で研修し、都内で新規就農するようになってきたが、この仕組みができあがったのは、都内の農業者のみならず都内に農業で新規参入した法人が、大きな協力をしてくれたおかげでもあった。

17 東京都内に農業法人が参入

東京都内（島しょ地域を除く）で法人が農地を借り農業生産を始める、いわゆる農業参入は、新規就農とまったく同じ状況であるため、ほとんど事例がなかった。

そのようななか、平成21年12月15日に、農地制度関係法制度の改正法が施行され、業務執行役員のうち一人以上の者が農業の業務に常時従事すれば、法律上、法人が農地を借りることができるようになった（以後、一般法人と言う）。それまでは、唯一、農業生産法人（農地所有適格法人、１２２ページ）のみが基本的に農地の権利を取得できる法人であった。

ただし、現在でも農地を購入できる（所有権を取得できる）法人は農業生産法人（農地所有適格法人）のみである。一般法人は借りることのみできる（１２７ページ）。

さて法人の農業参入だが、東京都内では、平成24年

写真 2-7　㈱いなげやドリームファームの社員と研修生

2月に福島県で被災した（有）東常マックが、施設トマト栽培と加工で農業生産法人として日の出町に移転し、利用権設定により農地を借り受けた。移転には、東京都農業会議への相談をきっかけに、東京都農業会議の依頼を受けて日の出町が農地をあっせんした。

（有）東常マックは、法人として日の出町の認定農業者となり、東京都農業会議に新規就農相談にきた若者の研修や雇用を受け入れてくれて、2人の研修生が日の出町に新規就農をしている（平成27年10月現在）。

平成25年6月には、榊の生産や加工を手がける若き起業家である佐藤幸次代表取締役の（株）彩の榊が、榊の生産のため青梅市で利用権設定で農地を借り受け、農業参入した。

平成25年9月には、立川市に本社がある一部上場企業の（株）いなげや（スーパー等経営）の子会社として（株）いなげやドリームファームが、野菜生産で一般法人として利用権設定により農地を借り、瑞穂町に農業参入した。業務執行役員には、過去に瑞穂町で農地を借り受けた東村山市の認定農業者の鈴木泰男さんが就任し、鈴木さんと（株）いなげやドリームファームの社長である井原良幸さんが中心となったプロジェクトにより農業参入は進められた（写真2－7）。

農業参入まで、鈴木さんからいろいろと相談を受けたり農業委員会など行政への説明など連携をはかってきたりしたこともあって、（株）いなげやドリームファームは、農業参入後、研修生を受け入れてくれたり、さまざまなプロジェクトで東京ＮＥＯ‐ＦＡＲＭＥＲＳ！のメンバーに声をかけてくれている。さらに、（株）いなげやでは、東京ＮＥＯ‐ＦＡＲＭＥＲＳ！のみならず、メンバー各々の直売コーナーを都内各地

写真2-8　加藤信也農業委員の声がけで、青梅市の水田で水入れ式に参加し作業する東京ＮＥＯ-ＦＡＲＭＥＲＳ！のメンバー

の店舗でつくってくれており、多くの協力を得ている。

　また、（株）いなげやドリームファームで研修を受けていた石川義博さんが、瑞穂町で新規就農をした。

　平成27年9月には、（株）ＴＹファームが、青梅市で有機野菜を生産するため、一般法人として利用権設定により農業参入をした。

　（株）ＴＹファームからは、東京都内で農業参入したいとの相談を受けたが、出荷可能な関連会社の高級レストランなどは都内にあるものの、一方で、農業の業務に責任を持てる業務執行役員がおらず「難しいのでは」と応じていた。そこで「東京ＮＥＯ-ＦＡＲＭＥＲＳ！のメンバーを業務執行役員にすれば」という提案をふと切り出してみた。

　実は、新規就農希望者の中に、家庭の事情や本人が置かれた状況から、「新規就農は現実的に難しく、一方で農業を仕事として続けていきたい。有機農業なら、なおよい」と研修中に考える人がいた。その人は、実際に研修を一生懸命受けていたこともあり、いつもそのことが私の頭の片隅にあった。（株）ＴＹファームの太田《おおた》太《ふとし》代表取締役にそのことを話すと、少し驚いた様子だったが、快く引き受けてくれた。そして、東京ＮＥＯ-ＦＡＲＭＥＲＳ！のメンバーの松尾思樹さんと岡本健一さんが、正式に業務執行役員となった。

　そうなると次は農地だが、先に青梅市で新規参入した（株）彩の榊の佐藤幸次代表取締役に相談したところ、「可能なのでは」といった答えが返ってきた。（株）彩の榊は、青梅市の富岡という地域にあり、その地区の担当の農業委員である加藤信也さんは、地域のことや農地が遊休化しないことをつねに考える、人望がある人物であり、さらに、佐藤幸次さんをはじめ東京NEO-FARMERS!のメンバーに農地のあっせんなどの手引きをしてくれてもいた（写真2-8）。

（株）TYファームは、その農業に対する姿勢が評価されたこともあって、加藤信也さんや佐藤幸次さんをはじめ地域の農業者の協力を得て、農地のみならず作業場や堆肥場、事務所なども青梅市内で目途をつけ、農業参入をした。

18　東京都内の新規就農者の現在とこれから

このように、新規就農は多くの人たちの理解や協力により実現し、就農した後も支えられている。農地を所有していない、農地の情報もない、農作物もつくれない、農業経営を知らないという担当者の私に新規就農の相談をした人が、東京都内で給与をもらいながら研修を受け、東京都内で新規就農できるのは、まさに農業委員会、市町村、東京都、農業者（農地を貸してくれる人や研修を受け入れてくれる人など）をはじめ、応援してくれる人たちのおかげである。

東京NEO-FARMERS!のメンバーは60人を超え、東京都内（島しょ地域を除く）では絶対不可能と言われた　①東京都内での新規就農、②女性ひとりでの新規就農、③花き生産での新規就農、④新規農業参入企業による農業志向者の雇用拡大などは、はからずも実現した。

ただし、新規就農できる東京都内の市街化調整区域の農地面積は、今後とも増えることはなく、一方、あいかわらず新規就農希望者の相談は途切れることはない。

まさに、東京は新規就農の激戦区である。

最近は、「どうして東京都内に新規就農しようとする若者は多いのか」、などの質問を受ける機会が多いが、正直なところわからない。こちらから、「東京都内で新規就農しませんか」などといった声掛けやPR活動などしたことがない。また、「このような活動をすすめる本当の目的は何ですか。将来、この取組みをどのように発展させたいのですか」などの質問を受けることも多いのだが、自分自身の胸に秘めた目的や目標などは何もない。

毎日のように相談がある新規就農希望者にどのような対応をすればよいか、研修中の若者をどのように都内に就農させるかで、いつも頭がいっぱいなのが実態だ。

ただし、思いはある。

本当に農業を職業として自立したい人、好きな農業で自分を再生させ、挑戦していきたいと決意した人で現実と向き合える人には、ぜひ新規就農をしてほしい。その手助けなら全力でしたいと思っている。それは、私自身、そのような希望を実現できる社会であってほしいと感じているからである。

また、唯一の願いとしては、自分を通じて新規就農した人や新規参入した企業の方々には、自分の記憶が確かなうちは、健康に過ごし、農業を続けてほしい。できれば、前向きにやりがいをもって。新規就農者がつくった野菜を手にし食べること、花を手にして飾ることは、この仕事をしていて、この上ない幸せを感じる瞬間である。

最近は忙しいのか、すでに新規就農したメンバーが月例会に顔を出すことが少なくなってきた。それは、新規就農を目指したときのように情報収集する機会ではない会合であるためなのかもしれない。また、実際に、農業経営を廃止した人や農業が片手間となっている新規就農者が存在することも事実である。

私にも反省すべきことが多く、関係者の方々には大変ご迷惑をおかけしているとは思うが、このことは、一般的に言われているとおり、農業経営は、場所がどこであろうと、厳しいものであるという現実の現われなのかもしれない。

それでも、東京ＮＥＯ‐ＦＡＲＭＥＲＳ！は、４年以上、毎月かかさず月例会を開いている。これは、新規就農者がいつでも帰ってこられる場所をなくさないためでもある。

コラム①

都市農業の変革期に芽生えた希望

TPP成立に向けての動き、農協法改正への動きなど、わが国農業の大変革への動きが起きているのは事実。そのなかで生き残れるのは、どんな農業なのか?

東京の西多摩地域において、小さな小さな芽生えが始まりました! 一人の女性が、夢と不安を抱きながら、新規就農をしたんですよ。彼女の就農にあたって、私の農地の一部も、利用権の設定という形で耕作していただくことになりました。

私は分家の3代目農家で、もともとは植木生産をやっておりましたが、今では東京の伝統野菜「江戸東京野菜」の生産・普及をしたり、地場産品の加工原料として栗を出荷したりするなど、少量多品目生産がメインとなっています。都市化により本拠地の小金井市の農地は宅地化していったものも多く、代替農地として所沢、東大和、青梅、瑞穂、入間など他自治体にも点在して農地があるため、生産管理は大変です。

時代に合わせて営農のあり方も目まぐるしく変わりました。例えば、大学ゼミと連携して無人直売所を立ち上げたり、意欲的な料理人とのレストラン経営をしたり、小金井野菜を市内30の飲食店で丼物として提供する「黄金丼フェア」を催したりなど、異業種の方々とのコラボ事業には積極的に取り組んでいます。これからも現代アートや新規就農者とのコラボなどを通して、思いもよらない、想像もできない花が咲く予感がしてなりません。都市農業は生産に限らない複合的な経営が必要であり、同時にそれが大きな魅力となっています。

また、営農だけではなく農政運動にも深く関わってきました。

平成11年、農業基本法から食料・農業・農村基本法へと改定される際には、JA東京青壮年組織協議会の委員長として、「都市及びその周辺における農業の振興に必要な施策を講ずる」という一文の中に、「都市及び」という文言を入れていただくために奔走しました。そしてついに平成27年4月、都市農業振興基本法が議員立法にて可決成立。それも、与野党関係なく全会一致。まだまだ理念法ですので、今後の基本計画でどのような政策が書き込まれるのか、予算がちゃんとつくのかなど、不安材料は残りますが、多くの都民に都市農業を認知していただいたことは事実です。30年以上にわたる農政活動の一つの結果として、長年、不要とされてきた都市農業のマイナスイメージが公式に払しょくされ、ようやく農業としてのスタートラインに立てたという思いです。

これからの重要課題としては、東京特区構想と都市農業振興基本計画に、生産緑地の賃貸借を認めてもらえるかがあげられます。それには、内閣府及び財務省も関係するので、高くぶ厚い壁ですが、あきらめずに第三次農地解放と考え、市民農園、学校農園、福祉農園などの開設に道を拓きたいと思っています。

大都会だからできる新たな農地の生かし方があります。公園なら維持費は自治体負担ですが、農地ならば管理費はただ。それで防災、食育、福祉、余暇の機能など、公的機能満載なのですよ。

そのような変革と同調するかのごとく、市街化調整区域で始まった新規就農の波。江戸時代から続くプロ農家たちが、次々に耕作放棄しているなかで、都市農業に希望を見出し、人生をかけた挑戦にトライしているのです。プロ農家が下を向いている時代に、笑顔でまっすぐ前を見つめて、一歩を踏み出そうとしてるのですね。

社会現象の微動を感知し、効率一辺倒の大量生産！大量消費！　とは一線を画す、新たな生き方、生活をめぐる変化、そして幸せ度ではかる人生観への変化が始まりだしている気がいたします。冒頭に書いた新規就農した彼女たちの存在が、私の「百姓」の魂をも揺り起こしてくれちゃいました。おいらも「負けちゃらんねーな」。

50歳を過ぎちゃいましたが、これからは、新たな仲間となった新規就農者である平成の百姓たちと本物の花を咲かせてまいります！　農の魅力と大地の力、そして農家の持つしたたかさと柔軟性を生かした都市農業の経営方法でね！

高橋金一　江戸東京野菜生産農家、小金井市農業委員会会長、JA東京中央会特別顧問。

第三章　都市農業の現場から

――先進農家・流通・農園サービス・行政の取組み

1　都市農業の実践者たち

(1) 都市農家たちの挑戦

新たな潮流という文脈で都市農業を語ろうとすると、どうしても新規就農や企業参入など外部からの動きがフォーカスされやすい。しかし、当然のことながら、既存の農家たちのほうが世代を超えて営農を続けてきた実績がある。また、土づくりや適地適作の経験を含めて、確立した技術やインフラがあるうえでの挑戦であったほうが、本来はより確実に新規事業に取り組みやすいだろう。そういった意味でも、既存の都市農家で成果を上げている営農の形に着目することは、今後の都市農業を見通すうえでも大きな意味を持つ。

都市農業は相続税や周辺の住宅開発など、本来の営農以外の状況に翻弄されやすい反面、市場や消費者の需要をすぐそばで感じられ、物流コストも低く抑えられる。近隣の住民を対象とした直売や飲食店への原材料直納など、販売方法もさまざまなチャレンジがしやすい環境にある。

また、消費者の立場で農業をイメージするときには、畑での野菜や水田での稲作といった食糧生産に関わる業態のみを、どうしても思い浮かべてしまうところがないだろうか。

しかしながら、農業ということであれば、植木や花などの観賞作物、そして、果樹や畜産も含まれる。さらに、近年は体験農園やサービス型の農園も多様なものが生まれている。都市農業と一言で言っても、営農形態はさまざまであり、意欲的な農業者であるほど、常に次の一手を考えて試行錯誤していることが多い。

この項では、東京の農業者を中心に多彩な営農のあり方を紹介するとともに、農業者の立場から都市農業をどのように捉え、展望を持っているのか、紹介していきたい

◇もっと小さくていい、10a1000万円の農業

――関ファーム　関健一（東京・清瀬市）

東京都の最北部、埼玉県に隣接した清瀬市は市全域が市街化区域内農地にあたり、ニンジンなどの根菜類を始め農業の盛んな地域だ。関家はその中でも先進的な農家であった。現当主の健一さん（33歳）の父は、東京で最初に水菜の市場出荷を始めた農家だ。関東での水菜栽培の歴史はまだ浅い。今ではサラダ野菜の定番として欠かすことのできない水菜だが、京野菜として知られていた水菜が関東で普及したのは、２０００年台初頭のことだ。種をまいて早ければ4週間で収穫でき、小松菜と同じように非常に回転率のよい野菜だ。

写真3-1　関ファーム―パプリカの試験栽培にも取り組んでいる

回転が早ければ、途中失敗があってもリカバリーが効く。種まき～収穫～片づけ～土づくりという作業を常に回していけるので、パート労働者などを雇用しやすい。関ファームでは、現在13棟のビニールハウスを使って1年間で6回転、年間10tほどの水菜を栽培している。作業は、家族のほか、常駐2名、アルバイト2名を雇用している。

父の代から確立してきた水菜栽培は、有力スーパーや仲卸を通じて販売され、安定的な収入源となっている。しかし、そのうえで平成27年から、関ファームは大きな経営転換を図っている。東京都の補助事業を利用して設備投資し、大玉トマトの養液栽培を始めたのだ。ココナッツの殻を廃材利用した培地にトマトの苗を植えて、水と肥料を点滴するという技術を導入し、初年度で取り組んだ10a（約３００坪）の施設で約

800万円を売り上げた。

通常の農地であれば、優良な生産額指標が10aあたり100万円程度である。それを考えれば、設備投資や暖房費などのコストはかかっているものの、この数字はかなり今後を期待できるものだ。このトマトは「ココトマト」という自前のブランドとして商標登録し、ロゴをデザインするとともに、ジュースなどの加工品の委託生産も始めている。

市街化区域にある農地は相続とともに面積が減っていくのは避けられない。そのなかで生き残りを考えた場合に、いかに小面積での生産性を上げるのかが勝負となる。「10aで1000万円の農業」が、関ファームの当面の目標となっている。

◇都市の大規模農業

——由木農場　由木勉《つとむ》（東京・日野市）

東京と神奈川を股にかけて広がる多摩丘陵の北端に位置する由木農場は、住宅街から急な坂道を上がったところにある。江戸時代には、修験道の道場でもあった寺院の住職を務めていた旧家だったという。明治の廃仏毀釈で寺院を整理し農家へとシフトしていった。現在でも市街化区域でありながら約4ha（400a）の農地を所有している。

写真3-2　由木農場―リンゴ栽培は苗から収穫まで5年かかる

現当主、由木勉さん（64歳）の先代から始めた養鶏が今も営農の中心ではあるが、由木農場は他にブルーベリーを50a、リンゴを20a、そして野菜の生産も2haで行なっている。都市農業においては2ha以上の耕作面積はまれであるが、その倍の面積を複合的に営農していることになる。

東京では小平市でグループ栽培が始まったブルーベリーを、日野でも行なおうと勉強会を立ち上げたのは平成10年のこと。夏の時期は毎日摘取りができるように受付の体制を整え、順調に客足を伸ばしてブルーベリー栽培を定着させていった。そこでさらに新たに取り組んだのがリンゴだ。日野市の農業振興事業のなかで、新たな産品の開拓が求められていた。青森や長野といった寒冷な地が産地という印象のリンゴを東京でというのは、意外な印象を受けるが、「いつもちょっと違うことをやるんだよ」というのが由木さんの考えだ。今ではリンゴ狩り、樹のオーナー制度のほか、日野市の学校給食にもリンゴを出荷している。

これ以外にもサトイモなど秋の根菜を中心に野菜の生産も行なっており、生協を中心に出荷している。農業経営的にはかなり複雑なオペレーションが必要となることが想像に難くない。それを可能とするのが、ベテランのパートさんたちだ。

売上の中心である採卵用のニワトリは約８０００羽を飼育しており、こちらの採卵・仕分けは３名のパートに任せている。研修希望の若者よりも、熟練の年配パートのほうが頼りになるという。通年で彼らの仕事をつくっていくためにも、多面的な経営が必要となっている。

◇借入と投資で農地を残してきた
――ふじの園　藤野良文（東京・立川市）

「３代相続すれば農地がなくなる」と言われる市街化区域内農地であるが、植木をメインに据えた事業を行なう「ふじの園」は、祖父の代からほとんど農地を減らさずにやってきたという。

先代はいわゆる野菜農家だったが、安定的な現金収入を得るために、車で30分ほど離れた羽村市で銭湯の経営を始めた。藤野さんが幼いころ、両親は朝から昼にかけては畑、夕方から夜は銭湯の営業にでかけ、不在が多かったという。専業農家でありながら農地から離れた土地で借金をしてまで拘束時間の長いサービス業を始めるというのは不思議に思えるが、これは農業

写真 3-3　ふじの園—近年では大型開発も進んでいる

を軽んじてのことではなく、むしろ農地を残していくためだったという。

「祖父は借金してでも農地を守っていく人だった。借入に悪いイメージを持つ人も多いが、借りてまで事業をするからこそ、本気になれる部分もある。銭湯を父の代で始めたのも、いざ相続で現金が必要になったときに農地や家屋敷を売らずに済むよう、安定した収益を得るためだったと思う」と藤野さんは言う。

商売を始めたことで経営は安定したが、とにかく多忙だった。そこで、現当主の良文さんが目をつけたのが植木だ。野菜の生産は、とかく天候に左右される。種まきのタイミングも収穫のタイミングも荒天でずれ込むと、一気に作業にしわ寄せがいき、そこから元のペースに戻していくには、かなりの気力・体力・時間を要する。

一方、植木は「出荷遅れ」というものがあまりない。生産も出荷もロングスパンなので、日々の作業に追われにくい。さらに、一回の出荷で野菜のおよそ倍ぐらいの金額が動くので、やりがいも感じやすいという。

今は銭湯も整理して、植木に専念している。「2名を雇用して給与を払いながら一人前に育てていくのは容易ではない」と言うが、「預かっている責任があるからね。しっかり木を売って彼らの分も稼がないと、と思うし」と、農地を残しながら営農を続けていく誇りをにじませる。

都市の農業経営は、農業に限らずさまざまな事業を組み合わせて、複合的に資産を運用していくことによって成り立つ面も大きいことが、よくわかる実例と言える。

◇高付加価値への挑戦　クリスマスローズの名門育種家

——松村園芸　松村和廣（東京・清瀬市）

写真3-4　松村園芸—写真のクリスマスローズは、花びらに見える部分が「がく」であり、長く楽しめる

冬に色とりどりのシックな色合いで咲きほこるクリスマスローズは、２０００年代に入って一大ブームを迎えた。松村園芸は、そのブームをけん引した立役者だ。

ブームになったのは近年だが、栽培のスタートは30年ほど前にさかのぼる。花市場に納品に行った際、セリ人の会話から松村さんが聞きなれない花の名前を耳にしたのがきっかけだった。クリスマスローズというその花は、1株2500円もの高価格で取引されているという。当時、葉ボタンやパンジーなど造園用の苗を生産していた松村さんは、もっと生産性の高い商材を探していた。

クリスマスローズは種から育て、交配することで、自ら新しい品種をつくりだせる花だ。チューリップやバラはすでに品種開発も進んでおり、ほとんどが種苗会社から苗や球根を買って生産することとなるが、クリスマスローズはまだ開発途上であり、個人の育種家でも独自の品種を生み出す自由度が高いところが、消費者にとっても生産者にとっても魅力となっている。

珍しいクリスマスローズは1株数万円で取引されることもあるが、育種にとりかかっても花が咲くのは3年後。選別を重ねてヒット作を生み出すには、緻密な交配管理が必要となる。

園芸業界でも先端を担っている松村園芸であるが、40年前まではカブやレタスなどの生産農家だった。これらの軟弱野菜は、青果店においては必需品であり途切れることなく需要があるものの、棚持ちが悪い。保存がきかないので、市場にものがだぶつくと価格は急落する。ブランド力や有力な提携販売先を持っていないと、豊作貧乏になりかねない商材だ。

和廣さんが葉物生産農家として代を継いで間もないころに、ショッキングなものを目にする。市場で10個300円、つまり1個当たり30円で取引されているレタスが、園芸店においてはポット苗で1株50円で売られていても消費者は購入している……。2、3か月かけて栽培し荷造りした成品よりも、種をまいて1か月ほどの苗のほうが高値で扱われていたのだ。街道沿いの直売でそれを売り切れば物流費もかからない。そこから松村さんの営農は、直接消費者に販売する方向に大幅にシフトしていった。

価格は消費者が感じる価値によって大幅に上下する。かけた労力以上の価値を生み出す商材を求めてたどり着いたのが、クリスマスローズだった。

今では30aほどの農地に17棟の栽培ハウスを建て、クリスマスローズだけで年間約5万株を育てている。いち早く、年内開花や原種交配、香り交配などオリジナリティのある商品を生み出し、名門となった松村園芸には、研修で訪れる人も多く、いままで2名が独立している。現在、主力となっているのは、松村さんの三女、みよ子さんだ。

「クリスマスローズも一時期のブームは去って、価格的には落ち続けている。これからは、クリスマスローズの葉に色を乗せて、カラーリーフとして新たな需要を開拓したいと考えています！」と、後継者も園芸のパイオニアとしての歩みを止めていない。

◇住宅に囲まれた営農

―高橋農園　高橋清一（東京・小平市）

「畑仕事は若いころ本当に嫌だった」と、小平市農業委員会会長2期目を務める高橋清一さん（69歳）は語る。代々続く高橋家の営農は、清一さんの代になったこの40年で、劇的に変わった。

幼いころは見渡す限りの畑だった小平が、住宅で埋め尽くされていく様を、高橋さんはつぶさに見ている。現在も60a（約1800坪）を残す高橋農園だが、四方は住宅街に囲まれている。市街化区域における都市農業が行き着く究極の姿と言えるだろう。

写真 3-5　高橋農園—ハウスのすぐ隣は住宅街だ

「結局のところ、都市農業が残るかどうかというのは、市職員並みの収入が得られる農業になれるかどうか」と、高橋さんは断言する。だから付加価値を追求する花き営農を続けてきた。父親を手伝い始めてすぐに借金をしてハウスを建て、当時伸びてきていたシクラメンの栽培を始めた。野菜に比べれば経費は掛かるが、売上げも圧倒的に高い花き栽培にシフトして、今ではほぼすべてがシクラメンの栽培施設となっている。

広い面積で売上げを積みあげていく土地利用型の農業に比べ、花きは土づくりなどの過程はない。棚の上でポット培養土を使って、棚の上で鉢を回転させていく。限られた面積で単価の高い商材を効率よく出荷することで、売上げを確保する典型的な集約型農業だ。

「集約型は都市との相性がいい。私が始めたころと違って、施設建設には行政補助も出やすい環境が整っている」。本気で農業を考えるなら、今こそ投資のチャンスであると高橋さんは考えており、地域の農業者たちにも、都市農業ならではの高付加価値営農を勧めている。

◇祖父のミカン園をバージョンアップ
――下田みかん園　下田智道（東京・武蔵村山市）

武蔵村山市は、東京都の中で「市」でありながら、唯一鉄道の駅が一つもないことから、「陸の孤島」と呼ばれることもある。しかしながら、市内農地の7割は市街化区域に属しており、農地は減少を続けている。

武蔵村山市の農業で目を引くのが、特産品が温州ミカンということだろう。下田さんの経営する下田みかん園は、武蔵村山市で初めてミカンの栽培に取り組んだ農家だった。埼玉と東京にまたがる狭山丘陵の南側斜面一帯が、東京では珍しいミカンの産地となっている。もとはこうした斜面地でも、サツマイモなどの野菜が中心に育てられてきた。しかし、太平洋戦争後の戦後復興のなかで付加価値の高いものの需要が増え、昭和30年代半ばに智道さんの祖父がミカン栽培を始めたという。

珍しさも相まって、同じ斜面地でのミカン栽培は広がりを見せ、一時は18軒にまで広がった。温暖地の海沿いに多い産地のミカンに比べ、「村山のミカンは酸っぱい」などとも評されたが、都市農業ならではの近隣固定客などを中心に、もぎ取りと直売を続けてきた。

写真 3-6　下田みかん園 ― 下田みかん園からは市街地が一望できる

その武蔵村山市のミカン園も、相続などにより6軒まで減少。下田さんの父も農業を継がなかったので、智道さんが継がなければ、いずれは廃園やむなしという状況だった。

果樹は野菜と違って、一度やめてしまったら復活させるのは容易ではない。ミカンについては、植えてから5年間は収穫できないという気の長い作物だ。それがなくなることへの残念な気持ちもあり、智道さんが10年前から祖父を手伝い、6年前からは主体的に経営するようになった。現在では、秋冬に集中する売上げを調整するために、ジャム加工や農地を拡大しての野菜生産にも積極的に取り組んでいる。

「まだ安定的な経営には至っていませんが、できることをいろいろとやって何とか残していきたい」と智道さんは考えている。新しい取組みとしてミカンを鉢で栽培する技術を実験しており、トラックに載せた移動ミカン園を実現できないか、試行錯誤を続けている。

◇都市計画とともに歩む営農
―― 清水農園　清水宏悦（東京・葛飾区）

都市農業でも、農地はある程度まとまって残されていることが多い。しかし、小松菜を育てる清水さんの大型鉄骨ハウスの周辺には畑も農業施設も見当たらず、「若いころは新小岩駅までずっと田畑が続いていた」というその片鱗は、もはや残されていない。

取材で訪れた平成27年には、主力であった連棟鉄骨ハウスと農家を象徴する母屋も解体し、福祉施設の建設予定地となっていた。行政からこの地域に福祉施設が足りないと言われ、農地転用を決断したという。同じ都市農業でも「都下」といわれる東京・多摩地域は開発途中の地域も多いが、葛飾区のように全域が市街化区域であり、住宅地、商業地の確保がより強く求められてきた区部では事情が違う。

昭和30年代には主に水田地帯だった葛飾区に開発ラッシュが訪れると、「農家が農地を広く所有しているために、開発計画の邪魔となっている」と、都市農家は悪者扱いされることも多かった。清水さんの水田にも不自然にゴミが投棄されるなど、開発側と農家側の軋轢も生まれてきており、土地を取りまとめて調整する役割はとくに重要だったという。

営農しながら8haの土地区画整理組合の理事長を30歳代で務め、20年かけて地権者を取りまとめていく。「虚心坦懐に心からみんなのためにという気持ちがなければ、土地区画整理なんかできない」と清水さんは語る。主に農地だったその土地区画整理施行地は、換地後、1坪200万円代で取引されることとなり、一気に宅地化が進んだが、清水さんは農地を処分することなく、今に残している。

写真 3-7 清水農園―区画整理後に残った農地はごくわずか

「農業は面白い。チンゲンサイを世に先駆けて始めたときは、1株350円で売れたこともあった。その後、価格は下がっていきましたが、しばらくはよかったですよ」。清水さんはまだ普及していない産品を市場などに働きかけて広めていくといった積極的な営業を心がけており、いままでほかにも白菜に似た「しんとり菜」などを手掛けてきた。

営農に対する誇りも大きいだけに、このたびの母屋と隣接農地の福祉施設化は大きな決断だった。

葛飾区のような都心部では、いまだに土地が足りないという状況が生まれている。しかし、清水家では不動産や生花店の経営など、農業以外での収入を確保しながらも、本業はあくまでも農業であるという考えは変わらない。現在は長男が中心となって千葉県に農地を広げている。意欲的な都市農家にはこのように農地を確保しやすい郊外に遠征してまで、営農を充実させるという例が少なくない。

(2) 都市農業における「地産地消」

消費地が近くに存在する都市農業にとっては、地場流通にどのように取り組むかということは、とくに重要課題である。

地産地消は、2000年代半ばごろから広まったフードマイレージという言葉とともに、消費者の中にも定着しており、農家の直売所などの地場野菜売り場をマップ化して自治体が宣伝することも散見される。

また、学校給食における地場農産物の利用は、食育基本法の食育推進基本計画において目標値が定められており、平成26年の時点では25・1％であるが30％まで高めようと、国としても推進を図っている。

しかし、市場や仲卸を挟まない流通は、顧客対応などで、むしろ人件費や物流コストが高くついてしまう可能性も十分ある。多くの消費者が産直に求めるものは、鮮度とともに「直売ならではの安さ」であり、価格設定においても需要をみながら難しい判断が迫られる。

消費地が近いことは、都市農業にとって有利な面が大きいと言えるが、同時に、土地利用の面では不自由な点も多く、まだまだ都市農業における地産地消のあり方は、発展途上と言えるだろう。

ここでは地域密着をうたう大型スーパー「いなげや」と「駅前の小さな八百屋」をビジネスモデルとするベンチャー、そして、「江戸東京野菜」のブランディングによる高付加価値化について紹介する。

◇「地域」とより深く関わるための農業参入
――(株)いなげや

(株)いなげやは、東京・立川市に本社を置き、スーパーマーケットチェーン「いなげや」、ドラッグストア「ウェルパーク」などの複数業態で、関東圏に約270店舗を構えている東証一部上場企業だ。

(株)いなげやは、平成25年に、株式会社いなげやドリームファームを設立し、自社野菜の生産に取り組み始めた。食品関連の企業が自社グループでの野菜生産に取り組むのは、カゴメやワタミ、イオンなど珍しいことではなくなってきているが、43ページでも触れたとおり、東京を本拠地としての取組みはいなげやが初めてのこととなる。

地場野菜流通が２０００年代に入って盛んになってきたころ、近隣の農家の野菜を仕入れて農家の名前入りで販売することを、いなげやでも始めた。品目がそろい始めてからはコーナーを設けて積極的に取り組み、現在では１４０ほどのスーパーマーケット店舗の約7割に、地場野菜コーナーがある。

写真 3-8　スーパーいなげやの地場野菜コーナー（撮影：江藤梢）

平成22年、創業１１０年を迎えたいなげやは、地域とともに歩むという姿勢をより強く打ち出す事業に取り組み始めていた。創業地が東京多摩地域であり、多摩の農業により深く関わっていこうという方針は、このときから明確になったと言える。

平成24年にいなげやドリームファームの現代表取締役である井原良幸さんが、自社野菜生産事業の準備を始めた。その主たる目的は次の３つだった。

①直接生産による顔の見える商品づくり
②地産地消の推進による地域活性化
③障がい者の働く場の整備と地域雇用の創出

流通センターのある立川市に近い地域で利用できる農地を探したところ、農業を主業とする法人の設立なしには実現できないことを痛感、取引のあった近隣の認定農業者、鈴木泰男さんを業務執行役員として迎え、平成25年、いなげやドリームファームを設立した。

鈴木さんがすでに東京・瑞穂町、埼玉・入間市で営農していたこともあり、まずはそこを起点として初年度で２ha（約６０００坪）弱、現在では５・５haの農地を確保して、4名の社員と本社からの応援部隊、地域シルバー人材で営農している。

オクラ・長ネギ・枝豆などを主として、生産された野菜はもちろんスーパーいなげやの店頭に並ぶが、加工品メーカーなどに外販する例も増えてきている。

代表の井原さんは、自らスーパーの店長を務めてきた経歴を持っている。その立場からしても、「農業を始めることで、我われが扱ってきた野菜という商材が、どのように生産され、どんな課題を抱えているのか、発見の連続だった」と言う。農業技術の承継は地域ごとになされる部分も大きく、食品流通は原油の高騰など国際情勢によっても左右されやすい。そのリスクを長期的に考えると、地場野菜に対する積極的アプローチは、地域貢献というよりもむしろ自社の安定性を高める投資と考えている。

実際に農地の利用権を取得していく段階で、多くの農業者と接点を持ち、現在では東京・瑞穂町の特産品開発にも一役買おうとしている。平成26年からは耕作されていない農地の活用と、農家同士の技術交流による切磋琢磨を目的とした大豆栽培に取り組んでいる。

収穫物はいなげやが全量買い取りし、スーパーいなげや全店での販売を想定している。

「周辺に農地のある多摩でスタートした事業であるが、むしろ農地のない都心のほうが、関心が高い」と井原さんは考えている。都心の顧客は選択肢が多いことを好む。そのなかに自社産品だけでなく協力関係にある農家の産品も位置づけ、多様な商品を提供することで、店舗としての付加価値を高める道を探っている。

◇集荷・八百屋・飲食をコンパクトに展開する
――(株)エマリコくにたち

東京・国立市を拠点に、「くにたち野菜」などを前面に押し出した地域密着の事業を展開しているのが、(株)エマリコくにたちだ。3名の役員は全員、市内にある一橋大学出身。学生時代に商店街活性化のサークル活動として学生主体の店舗開発などを実践した経験に基づき、一度はそれぞれ就職したものの、国立市に戻ってきて改めて会社を立ち上げた。

地場野菜流通のベンチャーというのは、いかにも営

写真3-9　駅近くで鮮度抜群の地場野菜を売る（㈱エマリコくにたち）

利的には厳しそうだ。国立市においては出荷組合のような生産者グループもつくられておらず、社員が1軒1軒開拓し、品目の依頼をし、朝夕の2回、毎日社有車で集荷して回る。鮮度が抜群であることは間違いないが、とても効率的とは言えない。しかし、平成23年の創業以来、国分寺、立川にも八百屋を出店し、本拠地では「くにたち村酒場」という地場野菜を食材としたワインバルも、平成25年にオープン。手堅く顧客を獲得している。社員約40名（アルバイト含む）の平均年齢が20歳代後半と、ベンチャーらしい若さと行動力で乗り切っている部分も多いものの、それだけに地域での応援者も多い。

代表の菱沼勇介さんは、「最初はコミュニティビジネスの新しい形を創造することに興味があって、とくに農業というわけではなかった」と言う。しかし、コミュニティビジネスというキーワードで活動するうちに、身近でつくられる野菜を通して街を活性化していく可能性を感じるようになる。農業は食の楽しみはもちろんのこと、歴史的・文化的側面も奥深く、環境や教育といった面でも価値を見出しやすい。「そのためにはまず農家さん自身が、営農を続けたいという気持ちを強く持つことが必要。やりがいを感じられる機会をつくっていくのがミッションです」と、菱沼さんは考えている。

通常、地場野菜を直売所で扱う際には、委託販売形式が多い。店頭で売れた分だけ生産者の売上げとなり、売り場は手数料を取るという方式だ。しかし、エマリコくにたちでは、農産物は買い取り、在庫リスクを自社で負っている。

「そのほうがスタッフもあの手この手で売ろうとする。そこでお客様との対話も生まれ、結果的に店舗が活性化してくるんです」と菱沼さんは言う。同社の八百屋では店頭のＰＯＰに入荷日が明記されており、前日仕入れのものは価格を下げて提供される。それをあえてすることで、消費者はより強く鮮度感を意識させられる。

都市農業というキーワードで農家と消費者をなるべく近くつないでいくというビジネスモデルを確立し、他地域でも展開していきたいとエマリコくにたちは考えている。

◇伝統野菜と地場流通を組み合わせたブランディング――江戸東京野菜

地産地消を推進する動きのなかで、「伝統野菜」も２０００年代に急激に認知度が高まってきた。直売所における差別化や、まちおこしの一環として各地でご当地野菜が発掘され、今ではホームセンターの園芸コーナーに、半白キュウリや巾着ナスなど、有名な伝統野菜の苗を見かけることも珍しくなくなっている。

「江戸東京野菜」は、そのなかでも伝統野菜ブームをけん引するブランドとなっていると言えるだろう。東京においては、もともと江戸川区小松川の小松菜、練馬の練馬大根などの伝統野菜が知られるところであったが、それらを総称して「江戸東京野菜」として広めるきっかけとなったのは、東京都の支援で平成18年、三鷹市・小金井市を対象に行なった地域資源活用事業である。以降、都立小金井公園内にある江戸東京たてもの園と連携して、「江戸東京」をキーワードに毎年イベントを開催していった。

農商工連携的な意味合いも強く、ＪＡ東京むさしの呼びかけで、市内農家が江戸東京野菜の栽培を行ない、飲食店では江戸東京野菜を使ったメニューをフェアで提供する「黄金丼フェア」が秋に開催されるという流れができ上がっていった。

「江戸」という名称がすでにブランディングされているうえに、伝統野菜が東京にも残っているというイメージのギャップもあり、名称の勝利という感もあるが、継続して対象品目の発掘に努めながら、有名シェフの協力による調理法の開発や、小学校に種苗を配って体験教育につなげるなど、「江戸東京野菜」を用いた多様な事業展開がブランドを活気づかせている。平成27年の時点では、JA東京中央会が認定する江戸東京野菜は42品種となっている。

伝統野菜は地名を冠するなど、地域商品として認知されやすく、飲食店などとの連携も図りやすいという面では利点が大きい。しかしながら、そもそも生産性や食味については、現状メジャーとなっている品種に淘汰されてきた歴史がある。つまり、純粋に生産量や食材の扱いやすさで考えた場合には、デメリットも大きいということだ。

生産者の立場からすれば、いくら話題性があったとしても、それが売上げとして返ってこなければ、価値は感じにくいだろう。ブランディングの成果をどのように生産者の利益に還元し、固有種の生産を受け継いでいくのかが、今後の課題と言えるだろう。

2 都市住民にとっての「農のある暮らし」

平成21年に東京都が実施した都政アンケートにおいては、「農作業の体験をしたいと思いますか?」の問いに55・9%が「したいと思う」と回答している。また、平成24年に農水省が実施した「都市農業・都市農地に関するアンケート」においては、「市民農園などを利用したいと思うか?」という問いに32・9%が「したいと思う」と回答しており、そのうちの55・6%が、この10年でその思いが強まったとしている。

市が提供する廉価な市民農園は需要が高く、三大都市圏においては2~4倍の応募に対して抽選を実施している状況だ。「身近に農のある暮らし」「自ら野菜づくりに取り組むライフスタイル」に対する需要は、相当に高いと言えるだろう。

その需要を受けて、市民が農的な活動に参加できるサービスも年々新たに開設され、農林水産省としても「農のある暮らしづくり交付金」を平成25~27年度で実施して、それを支援している。

ここでは農家自らが営農の一環として行なう「農業体験農園」、企業参入によってサービス拡充を図っている「貸し農園」、地域住民などによって運営される「コミュニティ農園」の3つを紹介する。

(1) 農業体験農園

◇都市農業の新境地を開いた発明

農家の指導つき「農業体験農園」は、多くの市民から見れば、市民農園の一つの形として理解されているかもしれない。畑が区画で分かれており、誰でも申し込めば参加することができ、農家の指導のもと、担当区画の野菜を育てて、収穫したものはすべて持ち帰れる。となると、近年のサービス拡充型の貸し農園とどこが異なるのか、きっちりと説明できる人は少ないだろう。

例えば練馬区では、区民が農業体験農園を利用する場合は、区から補助が出るため、区外からの利用者より安くサービスを利用できる。となると、行政の市民向けサービスである市民農園的要素も強い。実際に消費者の立場からすれば、市民農園・農業体験農園・企業運営の貸し農園というラインナップを並列で比較し、自らのライフスタイルにより即しているものをチョイスするという感覚だろう。

しかし、見方を変えれば、農業体験農園は、市民農園や貸し農園とはまったく異なる営農形態だ。平成8年に練馬区でスタートした農業体験農園は、都市農業にまつわる複雑な制度の中で相当にインパクトを持った一つの発明であり、その後の都市農業のあり方、農園サービスのあり方にも多大な影響を与え続けていると言える。

写真 3-10 「練馬方式」の名で全国に広がる

◇体験農園は市民農園と何が異なるのか？

市民農園は、行政や行政の委託を受けて運営されていることが多い。自治体内の住民などを対象に、入園が認められれば、年間1万円以下などの廉価で畑の区画を利用する権利が期間限定で与えられ、広義には「貸し農園」と言える。植えるものも、近隣に迷惑さえかけなければ自由だ。

しかし、農業体験農園は「貸し農園」ではない。農業体験農園では、むしろ「畑を借りる貸す」を思わせる表現は細心の注意をもって避けられる。農業体験農園は、あくまでも農家が管理する畑の作業の一部を教わり手伝いながら、おおよそ年間4万円ほどの価格で、その区画内の野菜を買い取るという仕組みとなっている。

土づくり、植える作目や品種、栽培方法は、

100％農家の意思で決定され、農家が用意したもの以外を使わないというのが農業体験農園におけるサービスの原則である。全国農業体験農園協会のHPにおいては、農業体験農園を「農作物を直接、1年を通して、全量買ってもらう契約栽培」と定義づけている。

市民向けのサービスであるという点では、貸し農園と同じカテゴリーに入りそうなものであるが、そこではっきりとした線引きが必要となる。その理由として、農業体験農園の多くが生産緑地であり、さらに、相続税等納税猶予制度の適応（164ページ）を受けているという点があげられる。相続税等納税猶予制度では、農地を相続した者が営農を継続することが前提となっている。地権者自ら農業を営むことを前提に納税を猶予されているため、自ら農業を営んでいないと判断された場合は、それまで猶予されていた分の納税と、それに加えて利子税を納付しなければならなくなる。つまり、「貸し農園」とみなされてしまったら、膨大な税金の納付が課せられるのだ。

このような線引きは、市民にとっては難しいうえにあまり関わりのないことであり、また、農家自身にとっても正確に理解するのは簡単なことではないだろう。そこで現在は、NPO全国農業体験農園協会が普及にあたり、運用と考え方などを各地で広めており、農林水産省としてもその動きを支援している。

◇農業体験農園の設立の経緯

農業体験農園の第1号は東京都練馬区の加藤義松さんの「緑と農の体験塾」で、平成8年が最初となる。それに続いて「風のがっこう」（園主・白石好孝さん）がスタートした。開園の時点で、練馬区との協力関係はでき上がっていたが、そこにたどり着くまで、行政との調整や仕組みの検討に5年ほどがかけられた。

各地での講演や研修視察の受入れを通して、農業体験農園の推進役も務めている白石さんは、この仕組みにたどり着くまで、都市農業特有のジレンマがあったという。「農家が土地を手放さないから、住宅供給が追いつかず地価も下がらない」という都市農業悪玉論がメディアでしばしば取り上げられる一方で、実際に子どもたちや家族を対象に収穫体験などを行なった際には、「畑があってくれて嬉しい」という市民側からの手ごたえがある。そのギャップを埋めるような新しい営農の形を探っていた。

ヒントとなったのが、横浜市がスタートさせた「栽培収穫体験ファーム」だった。同じ問題意識のなかで、農家の負担を軽減させながら、農に対する市民の欲求を満たすことを目的に運営されていた。

この取組みを参考に加藤さんと白石さんは、農業経営として意義のある形態を検討して、1000㎡の売上げ100万円を目標に、30㎡×25区画、区画当たり4万3000円という価格を設定した。課題は、この農業体験農園を生産緑地や納税猶予農地で開設できるかどうかという判断だった。

東京都農業会議に打診した結果、視察に訪れた東京都農業会議の原修吉さん（肩書きは当時のもの。その後NPO全国農業体験農園協会の理事）は、「市民からの感謝の声と売上げが両立するこの仕組みは、農業者のやる気を喚起し、農業のあり方を大きく変える可能性を持っていると感じた」と言う。東京都農業会議の協力のもと、「自作農であると言い切れるライン」を、例えば、作目・作型はすべて農家指定のものとし例外は認めない、講師は農家本人もしくはその家族が務めるなどを、基本的な考え方とした。

◇「練馬方式」の全国展開

練馬区でこの仕組みがスタートしてから、最初に続いたのが平成10年の調布市における農業体験ファーム実施検討委員会であった。さらに、平成12年に昭島市で農業体験がスタートする際には、市が開設する市民農園をすべて廃止し、農業体験農園への誘導が行なわれた。

行政としては、市民農園の運営は負担が大きい。市民農園サービスは非常に廉価であるため、人気も高く、公平を期するため多くの場合2年以上は続けられないこととなっているが、実際は複数名義で多数の応募をするなど、抜け道を狙ってくる市民も少なくない。一方で、利用者の中には自己都合で耕作放棄をする者もいて、そういった場合は他の利用者からのクレーム対象となる。つまり、運用面で、コストが高くつくサービスなのだ。そういった背景もあって、農業体験農園の普及は、行政として歓迎するところも多く、「練馬方式」という通称で東京以外にも広がっていった。現在では、京都・福岡などの全国各地で、この仕組みをもとにした農業体験農園が開設されている。

◇体験農園の現状

ベーシックな農業体験農園は、1区画30㎡、隣接の農園と地続きなった畝《うね》が10畝ほど並ぶ。月2回ほどの講習会の際に、利用者は畝ごとに決められた種や苗を教わったとおりに植えていく。通年で20～30品目を栽培し、収穫量としては、スーパーなどで買った場合に6～8万円程度の価値のものが収穫できる。

ここでは全国体験農園協会に所属している農園に限らず、農家自らが管理指導を行ない、自ら耕作の形をとっている農園を広義で「農業体験農園」と捉え、その中でも独特な形をとっている農園を2つ紹介する。

◇石坂ファームハウス
（全国農業体験農園協会所属）

石坂家は日野市で400年近く続く農家であるが、農産物の出荷は長らくしていないという。平成6年には四季折々の伝統行事と農園の体験活動とを併せて学ぶ「自然の恵みを楽しむ会」を設立するなど、市民の体験の場を積極的に提供していった。1ha弱の畑と母屋を使っての体験学習や、地域で唯一残る水田のオーナー制、ブルーベリー摘取り、高齢者向け農業体験農園が主な事業だ。

これらを切盛りしているのが石坂昌子さんで、お話を伺うと、あらゆる農体験的なものを先駆者として実施してきたことがわかる。農園利用者も60歳以上と高齢者に絞ることで、農園のコンセプトをはっきりと打ち出している。

「昔はみんな人生が終わる直前まで畑で仕事をし、そのときが来れば亡くなった。農作業を続けることで、少しでも他人のお世話にならずに生きることにつながる」というのが、石坂さんの体験農園への思いだ。

写真 3-11　石坂ファームハウスの農業体験農園

今でこそ農福連携といった福祉的要素の盛込みが推進されているが、石坂さんの目指した「天寿を全うするギリギリまで元気に続けられる仕事としての農業体験」という信念は、理解されないことも多かったという。高齢者にサービスを限定してしまうという理由で、行政ともなかなか折合いがつかなかった。

それでも、平成13年から園芸療法を先駆者に師事して学び、市民向け体験活動の実績が広く注目を集め評価されたこともあり、平成23年、高齢者向け農業体験農園を23区画開設することとなった。

「近年の商業中心のイベントは、現金収入があってこそ楽しめるものだが、日本の昔ながらの暮らしや伝統行事には、女性や高齢者が身の回りの物を使って楽しめるものがたくさんあった。そういった四季折々の自然の恵みを活かした技術を伝えていきたい」と、石坂さんは考えている。

◇会員制農場 POMONA

（全国農業体験農園協会に所属していない）

POMONA（ポモナ）とは、ギリシャ神話に出てくる果実の女神を指す。名称やロゴイメージなど一見するとどこかの企業資本の入った農園かと見まごうが、個人農家による農業体験農園だ。農業体験農園の中にこの農園を含めるのは異論のあるところかもしれないが、農家が自ら経営し、作付内容や栽培方法を定め、区画を横断した同じ畝《うね》で同じ品目を栽培するということにおいては、農園管理の形態は農業体験農園のスタイルと言える。

ただし、既存の農業体験農園と大きく異なるのは、農園の設備用地を250坪ほど宅地転用し、2階建ての飲食営業つきクラブハウスと駐車場を整備したところだ。

写真3-12　ポモナのクラブハウス

園主の横山さんは小金井市の農家の長男であるが、12年間ITコンサルタントの会社で働いた。農家の後継ぎとして生まれた場合、農業を継ぐか農地を処分して農家を廃業するかという選択を、いずれ迫られる。横山さんの場合、農業を継ぐという決断はしていたものの、兼業で続けて定年後に専業となるか、会社員を辞めて農業に本腰を入れるのか、迷いもあった。しかし、体験を主としたサービス型の営農であれば将来性があると考え、会社を辞めて専業で取り組むことにした。

横山家はもともと直売所を中心とした多品目農家で、約2000坪の農地を街道沿いに持っている。そのうち500坪を拠点として、残りの1500坪ですでに確立しているブルーベリーやキウイフルーツなどの収穫体験と併せて、自分の営農を確立しようと試みたのが、会員制農場POMONAだ。千葉県の大規模貸農園であるカズサ愛彩ガーデンなどを参考にして、「都市で畑を耕せる贅沢感」を存分に感じつつ、畑に入る心理的ハードルを徹底的に下げられる農園を目指した。クラブハウス建設にはデザインから半年をかけ、トイレシャワー完備・コインロッカーもあるという充実ぶりで、カフェスペースのため飲食営業許可も取っている。平成25年に1区画20㎡、20区画で開園、ターゲットとしたのは港区や世田谷区の高所得者層だった。

1年運営してみて改善点もいろいろと見えてきている。当初の面積では広すぎるという声もあり、その後、1区画13㎡、30区画に変更して、料金は年間13万8000円とした。

さらに、都心の需要よりも近隣の需要が、予想以上に高いという発見があった。集客もWEBよりもチラシの新聞折り込みのほうが効果があったという。また、農園利用者以外で地域活動をしている方々からの場所利用の要請が大きかった。例えば、子どもを対象としたスクールやアートギャラリーとしての利用だ。

地域の要請に応えつつ、あくまでも会員制農場として、会員にとっての付加価値を損なわない道を模索している。

(2) 民間企業が提供する農園サービス

個人向けの農園サービスとしては、長い間、行政サービスとしての市民農園、貸借関係をつくらない農園利用方式の市民農園、農家が自らの営農の一形態として市民の力を活用する農業体験農園の3つしか選択肢がなかった。そのほかには、個人が地主との関係性のなかで耕作してしまう農園も少なくなく、こういうケースは言葉が悪いが「闇小作《やみこさく》」と通称されている。

このような農園利用者の多くは、仕事をリタイアした高齢者、もしくは育児が一段落した主婦といった、時間に余裕のある層が中心だった。

しかし、2000年代後半にその潮目が変わり、若い世代の農業への関心が目立った動きとして広く認識され始めた。その象徴として一つあげられるのが、平成21年（2009年）の雑誌『ブルータス』2月号の「みんなで農業」特集だろう。表紙にトップデザイナーの佐藤可士和氏が白菜を掲げている写真を用い、「仕事もバリバリやっている30歳、40歳代が、余暇で畑と関わるおしゃれ感」を演出している。その内容は、既存の農家以外の人びとがライフスタイルとして農と関わり、食を大事にするという例が中心に取り上げられている。

その背景として、農林水産省を始めとした食料自給率アップ運動などの政策面での後押しもあったと思われるが、「より稼いでより消費する」というライフスタイルから、自ら体を動かして価値のあるものをつくり出すDASH村的な「ものづくり」が、21世紀の生き方として強く認識されつつあったというのも大きいだろう。

この特集を見ると、実際に市民が参加できる農園として紹介されているのは、千葉県君津市の会員制農場カズサ愛彩ガーデン（平成19年1月開園）ぐらいである。しかし、この特集と前後して、小田急線の成城駅ホームが地下化したことに伴って開園したクラブハウスつき農園「アグリス成城」、平成20年3月から京都を中心に展開を始めていた「マイファーム」、平成22年9月にJR恵比寿駅の駅ビル屋上に開園した「ソラドファーム」というように、農業以外の業界から企業として参入し、年間10万円前後の高価格帯の農園サービスを提供する動きが、同時多発的に始まっていた。

これらの動きを取りまとめて特集したのが、平成22年6月の『週刊ダイヤモンド』だ。「コンビニ農業」を表紙タイトルに大々的に掲げ、「フランチャイズ方式と貸し農園で進む革命」というサブタイトルがついている。

貸し農園・会員制農園・レンタル農園などの名前で、その後も民間参入による開園が相次ぐが、平成23年の東日本大震災に伴う原発事故での放射線問題で関東の農産物に対する不安が高まり、停滞を余儀なくされることもあった。

しかしながら、平成24年には首都圏で約50か所の農園を展開する「シェア畑」が登場するなど、２０１０年代後半においては、企業参入による農園開設が定着してきた感がある。

その中でも、とくに自社ブランドの看板でチェーン展開を進めている農園と、商業施設の屋上などを利用した屋上農園について見てみよう。

◇チェーン展開する農園

①マイファーム

メディアでは企業型市民農園の会社として紹介されることが多く、農園サービスを都市生活者に提供するのが主たる事業だという印象が強い(株)マイファームであるが、現在では京都・福井・兵庫・千葉・神奈川・宮城それぞれに7つの農業生産法人をグループ会社として持ち、流通や教育も手掛ける総合農業グループ企業だ。

代表の西辻一真さんがマイファームの目標として掲げているのは、耕作放棄地と農業の担い手問題の解消で、創業以来変わらぬミッションとなっている。

平成20年に京都・久御山に開設された1号農園は、地主とともに開園する農園利用方式で、当初は区画を割らずに野菜づくりについて学ぶ農業塾のような形をとっていた。第1号を開設して間もなく、地主から耕作困難地を活用したいという問合わせが増え、区画を割った市民農園スタイルで急激に拡大した。

トイレと給水施設、簡易休憩所というシンプルな設備が整ったスタイルで、入園者に農作業を教えるサポートスタッフがついている。自社運営だけではなく、フランチャイジーも積極的に取り入れ、看板とノウハウを提供していった。2年後には三大都市圏を中心に46農園まで拡大したというから、潜在需要をつかんだと言えるだろう。

開園方法としては、主に「農園利用方式」と呼ばれる地主が入園料を取って畑の利用を許可するという、農業委員会等に届け出を出さない最も簡易的な方法をとっている。民間企業による看板貸しのチェーン展開は前例がなく、各自治体の農業委員会に申請を出しながら広げていく方法をとったならば、自治体によって対応も異なり、このようなスピード感のある展開は難しかったであろう。

平成28年1月現在においては、直営のマイファーム78か所、フランチャイズのマイファーム11か所、よりサービスの手厚いキッチンファーム2か所の計91農園を擁している。

開園展開のスピードはとても速かったが、会社の運営体制にも紆余曲折があり、閉園した農園もある。関東においては、相続税等納税猶予適用農地で地主をサポートする形で開園した農園を、農業委員会から指摘を受け閉園したというケースもあった。

　西辻さんとしては「耕作放棄地の活用と農的人材育成は待ったなしの課題であり、試行錯誤を繰り返しながらも、とにかく前に進めていくことが肝要」と考えている。耕作放棄地の活用をミッションとしていることもあり、余暇として市民が楽しむにとどまらず、そこから農業者と知り合ったり、生産した野菜を販売したり、就農したりといった農的体験の次の展開を意識しているのが特徴だ。

写真3-13　全国約100の農園と関わっている（㈱マイファーム）

　各農園で何を植え付け、どのように利用するかは、利用者にゆだねられており、自由度は大きい。各農園を担当するアドバイザーは、あくまでもその意思を尊重してサポートするという立場だ。

　サービス業として農園サービスを提供するというよりも、都市生活者が農業問題と積極的に関わるキッカケとして農園を捉えている。

② シェア畑

　平成23年のスタートから首都圏で急成長している農業ベンチャーが、「シェア畑」を運営する（株）アグリメディアだ。「シェア畑」という名前だけ聞くと、共同で管理する農園のような印象をもつが、農地を区画を割ってシェアするという意味で、個人を対象に利用者を募っている。

　多くが特定農地貸付法（142ページ）にのっとって農家が開設し、アグリメディアに業務委託するという形態をとるか、農業体験農園の方式（69ページ）

写真3-14　東京・日野市のシェア畑 多摩平

にのっとって農家が運営する農園から業務委託を受け集客やフォーマットの提供をするという形をとっている。後者については「シェア畑」という名称も使わずに、あくまでも営農のサポートという位置づけになっている。

東京・神奈川・千葉・埼玉に49農園（平成28年1月現在）、約５５００区画を扱っている。稼働率は全体で75％というから、開園のスピードを考えると順調と言えるだろう。

多くの農園が８㎡で月８０００円、年間10万円と他の農園サービスと比べても面積当たりの価格で比較すると割高な設定となっている。各農園に社員マネージャーのほか、３名ほどの菜園アドバイザーが、月のうち20日以上は滞在しており、栽培方法などについて指南してくれる手厚さだ。また、収穫のシーズンには、流しソーメンや自家製野菜のピザづくりなどのイベントも拡充している。

同社の強みは、ハード・ソフトともに、フォーマットをしっかりと定めているところにある。スタート当初は農家の説得に始まり、特定農地貸付の開園方式の確定、農業委員会への説明などに時間を要したが、もともと住友不動産出身の諸藤社長が持っていたノウハウを生かして、手堅くフォーマットを固め、チラシポスティング（一軒一軒の郵便受けにチラシを投げ込む宣伝方式）を徹底して行なうなどの安定した集客力で拡大が可能となった。

栽培方法については、農家出身者を役員に迎えて、細かなマニュアルを作成することで、農園ごとの指導にばらつきが出ないように調整している。基本無農薬、化成肥料を使用せずに栽培している。

今後の展開について諸藤さんは、「50か所近く開園と集客を行なってきたデータを見ると、現在の需要のままでも首都圏で200農園までは問題なく拡大できると考えています。あとは需要そのものを喚起したり、いろいろなライフスタイルの方が参加できる多様な層へサービスを提供すれば、その倍まではいけるでしょう」と語る。平成28年には、初めて首都圏外、名古屋での展開が決まっている。

土地利用に関する問合わせは、農地に限らず宅地も毎週のようにやってくるという。アドバイザーなどの採用に関する問合わせも多く、㈱アグリメディアとしては、そのような情報を整理してマッチング（必要な人に届ける）していくような、プラットフォーム（情報交流の基盤）としての役割を果たしていくことも視野に入れている。

現在、課題となっているのは、現場の菜園アドバイザーと、複数の農園を管理するマネージャーの人材育成だ。菜園アドバイザーは、シルバー（高齢者）の家庭菜園経験者を中心に構成されているが、農園サービス経験者となると、ほとんどが未経験である。拡大スピードの速さと即戦力となる人材獲得の足並みがそろわないのはどの業界でも同じことであるが、農園におけるサービス業に関しては、同業他社がほとんど存在しないため、人材はほぼすべて自社で一からの育成となる。

競合があまり存在しないがゆえの先行者優位がある一方で、人材とサービスの両方を自ら充実していかねばならないという課題も抱えている。

◇屋上農園

都市農業といっても、ビル群があるような都心部には、いわゆる農業は存在しない。東京23区のうち農業行政統計に載ってくるような農業が残っているのは10区であり、残りの13区には農業が存在しない。しかし、農的なものに触れたいという需要は、そうした地域にももちろん存在し、それに応えているのが、マルシェなどを利用した農家による直売であったり、ここで取り上げるビルの屋上農園である。

屋上農園は、農業というよりも、都市計画上の観点から緑地の一種として位置づけられている。制度的にも、ヒートアイランド現象や緑地不足などの課題に対する取組みとして、「東京における自然の保護と回復に関する条例」が平成13年に東京都で施行され、建築物の緑化を義務づけた。1000㎡（約300坪）を超える敷地を持つ建築物は、地上部もしくは屋上において、条件によって変動はあるものの、おおよそ30％以上の面積を緑化しなければならないことが定められている。同じような条例は、大阪・兵庫・埼玉などの府県でも施行されており、これが屋上緑化を促す大きな要因となっている。

屋上での野菜栽培は、灌木や芝などにくらべて管理コストがかかるために、屋上緑化の中では主流の取組みとなっているわけではないが、メディアで取り上げられやすいこともあって、存在感を増してきている。

① まちなか菜園

屋上菜園の中でもトップの実績を上げているのが「まちなか菜園」（東邦レオ株式会社）だろう。JR東日本・恵比寿駅での開園を皮切りに、三大都市圏を中心に現在8か所の菜園を展開している。その多くは駅ビル屋上だ。

東邦レオは、もともと屋上などの緑化技術開発を30年以上行なってきた実績がある。開発施工から運営まで、一括して請け負えるところが強みだ。屋上緑化は、土壌を屋上に上げるという特殊技術がそもそも必要になる。通常の土壌を上げてしまうと、重量的にもかなりの強度が求められてしまうので、専用に開発した土壌を用い、深さも20㎝ほどにとどめている。また、強風時に打撃を受けやすいなどの問題も、風よけを設置するなどしてクリアしている。

1区画の面積は、敷地当たりの土量の問題などもあり、3～5㎡と小さい。価格は地域によって年間3万～10万円と幅広く設定されている。

サービスにおいては「無理せず、よりみち感覚で楽しめる『じぶん農園』」とうたっており、仕事帰りの大人同士の利用など、距離的な近さを最大の強みとしている。サポートスタッフも定期的に滞在しており、講習会やイベントの開催など、サービス内容は他の民間企業が運営する農園と同じように充実している。
ただ、平成24年には全12農園を運営していたが、平成28年現在は、８か所となっている。これだけ母体の技術や人員が確保できていても、菜園の収支では継続が難しいということだろう。

② 都会の農園

平成24年に開設され、区画数も個人向け・法人向け併せると80区画以上。区画面積は３㎡と小さいが、全体の面積では１０００㎡を超え、中にアイガモ農法の水田や、ニワトリを飼育するスペースまである。

写真3-15　都会の農園―フジテレビの目の前というインパクトが大きい

「都会の農園」の名称のとおり、東京臨海お台場の大商業施設・ダイバーシティ東京プラザ屋上という立地で話題を呼んだ。他の屋上農園が、園芸的な野菜づくりに特化しているのに対し、都会の農園の真ん中にいわゆる「里山的な畑」を再現するところが特色だという。同年には都会の農園ＢＢＱ（バーベキュー）テラスもオープンし、こちらは外部の専門業者に委託することで年間８万人を集客し、安定した収益で農園の運営を支えている。

農園を運営する(株)ベジトリーは、光ディスクの研磨や機器の販売などを中心に、多様な事業を手掛けている(株)プレンティーの子会社であり、この農園を運営するために設立された。プレンティーは前年に(株)農業総合研究所を関連会社化している。同社は、和歌山を拠点に、「都会の直売所」というブランドで農家から集荷した農産物を大型スーパーなどにインショップの形で販売する事業を中心に据えている。

この農業総合研究所のプロデュースで「都会の農園」

は設立され、プレンティーグループの農業情報発信基地と位置づけられた。フジテレビの目の前であり、臨海の都会的な雰囲気を屋上から味わえるということで、番組撮影などのメディア利用は年間20〜30件に及ぶという。

話題性・立地ともに集客力は抜群と言えるが、野菜の栽培となると課題も多い。とくに海に近い屋上ということで、風害には手を焼いたという。開設当初は防風ネットもなく、苗が根こそぎ飛んでしまったこともあったが、この3年でほぼ克服できたという。

また、利用料は当初1・5㎡で月1万円からだったが、需要に対応して料金を下げ、個人会員は3㎡月8000円から、法人会員には12㎡月4万円からという区画を設けている。

法人会員の利用は幅広く、TV番組や証券会社のPR企画、酒造メーカーによる酒米セミナーのほか、開設当初から近隣の保育園児を対象に、田植え、収穫などのイベントを開催している。

ビルオーナーから屋上を賃貸しての運営であり、収益確保は必須であるが、売上げ的にはBBQテラスが中心となってきており、農園は収益性よりも話題づくりと情報発信に今後も力点を置いていくという。

③アーツ千代田3331屋上オーガニック菜園

千代田区の中学校だった建物を合同会社コマンドAが借り受けて、「3331 Arts Chiyoda」（さんさんさんいち　あーつちよだ）というアートセンターとして運営している。施設内のギャラリーやイベントスペースでは、さまざまな企画が開催され、文化活動の拠点となっている。千代田区が運営団体を募集した際に屋上緑化を条件としたので、オーガニック菜園を(合)コマンドAで提案し採択された。

中学校だった際には運動場として使われていた屋上は、直下に体育館があったため、構造上全面を農園にすることは不可能で、4㎡×32区画が限界だった。屋上に農園をつくる場合には、このように建築構造上の制約との兼ね合いが避けて通れない。

有機JAS規格を参照した無農薬・無化学肥料栽培で、試行錯誤を繰り返しながらも、開設から6年目を迎えている。料金は、個人会員の場合、初期費用年間

2万円に加えて、月7200円と設定され、初年度は約10万円の費用がかかる。月1回程度開催される活動日は年間スケジュールが決まっているため、利用者も計画が立てやすくなっている。

指導者は、園芸の専門家と専従のサポートスタッフ、アルバイトの3名が指導員として対応している。平成27年には5年間の施設運営契約を更新し、(合)コマンドAによる運営が6年目となった。アーツ千代田3331にとって、菜園は施設イメージを向上させながら集客コンテンツの一つとして位置づけられている。

写真3-16　元中学校の屋上が農園になっている

(3) コミュニティ農園

ここまで農業者ではない市民が利用できるサービスとして、農業体験農園や民間企業が運営する農園を紹介してきたが、これらに共通するのは個人がプライベートなライフスタイルとして農園に関わるという点だ。しかし、農地を活かした活動は個人のものにとどまらない。とくにまちづくりの観点からすると、共同体を活性化させる場として、あるいは社会的な課題を解決する糸口として農地が機能するといった、公共的な役割も担うスタイルの農園運営も求められるところだ。

ただし、コミュニティ農園は円滑な運営が難しい。区画で割る農園は利用者の「なわばり」を設定することによって、農作業とその対価としての農産物がはっきりとしているが、コミュニティ農園の場合、植え付けや管理作業をした者が必ずしも適期に収穫できるとは限らず、逆に維持管理にまったく関わっていなくても収穫祭にだけ参加するといった、フリーライダー（ただ乗り）を生んでしまう可能性があるからだ。他の参加者との作業量・収穫量などのバランスをとったり、運営側の意図をくみ取ったりしながら、参加者それぞれの適切なふるまいが求められる。

また、農園管理に時間をさけるのは、プライベートの時間に余裕のある高齢者層などに偏ってしまいがちなので、例えば親が30歳代、40歳代の子連れファミリー層など、学校関係の行事や急な予定変更が多い人たちは、参加しづらくなってしまう面もある。

ここで紹介する2つの農園は、利用者を限定せずに幅広く農園サービスを提供しながらも、そこにコンセプトを持たせることで観光農園ほど不特定多数ではない、幅広くややわらかなグループでの農園運営を実践している。参加者は単純に「客」としての存在ではない。農園のコンセプトに共感し、運営者と協働することで農園を成り立たせているが、あまりそこに義務的なものを感じさせていないところが特徴的だ。

◇くにたち　はたけんぼ（東京・国立市）

①馬と羊がいる市街地にある農園

馬と羊がいる農園が市街地にある、という特異性がこの農園を強く印象づけている。農地面積としては約1000㎡しかない農園に図3－1のとおり、田んぼ、企業団体向け農園、イベントスペースがあり、動物たちがいる。運営に当たっているのは「くにたち市民協働型農園の会」（以降、農園の会）という十数名からなる任意団体だ。平成28年現在、筆者（小野）が会長を務めている。

農園の会は後述する「国立市　農業・農地を活かしたまちづくり事業」（95ページ）の構成メンバー有志4名によって平成24年に設立された。「収益性がある行政の補助金なしでも継続できるモデル農園」を開設するという企画が立ち上がり、それを運営する団体が必要となった。メンバーはそれぞれが市民農園や農業体験農園などの運営者で、農家も含まれていた。

活動拠点となる農地を確保するために取られたのが、特定農地貸付法における「地方公共団体及び農業

イラスト：福々ちえ

図 3-1　くにたち　はたけんぼ（全体図）

写真 3-17　親子田んぼ体験はとくに人気のプログラムだ

協同組合以外で農地を所有していない者の場合（NPO・企業等）」が開設主体となるという方法だ（144ページ）。営農が困難となった農地を国立市が地主から借り受け、国立市から農園の会が借り受けるという、地主と開設者の間に市が介在する形をとっている。

この開設方法は行政のバックアップが必要であり、開設に対する地主、運営主体の目的意識の共有も必要なことから、難易度の高い開設方法であり、実例も少ない。

開設にあたり当初は、企業団体向けの高価格帯の農園サービスが主に検討されたが、この場を活用したいという市民団体や個人からの問合わせが数多く寄せられてくることを受け、多様な機能を持つ農園へと変化していった。結果として年間累計すると、5000名以上の利用者が訪れている。

サービスだけではなく、運営体制も年々変化している。例えば、利用頻度の高い団体の代表を会メンバーとして迎え入れ、運営や維持管理業務に参画してもらうかわりに、施設の利用が優遇されるといったようなことがある。その結果、複数事業体の協働農園といった要素が大きくなってきている。

実際の利用例を紹介しよう。

(a) 貸し農園

27㎡で区切られた13区画の畑は個人向けではなく、農業・農地の価値を広くPRするという趣旨に賛同した企業や団体を対象に貸し出している。

パン屋チェーンの研修、食品企業の消費者向け食育体験、菜園マニュアル映像の撮影、マンションコミュニティの農園など利用法はさまざまだ。利用料は1区画年間6万円だが、基本料金として定められているだけで、希望する利用方法に合わせて価格は変動する仕組みだ。畑の管理や団体の懇親会などをサポートする場合には、ケースバイケースで料金を見積もり、提案している。

(b) 会員制の水田

水田面積はわずか1aだが、25組の家族が田んぼ会員として利用している。年会費1万円で、田植え、稲刈り、お米を食べる収穫祭を体験できる。

(c) 休憩スペース

農園で採れたものを食べられる休憩スペースと広場がある。利用区画数によって売上げが決まる貸し農園においては、このような多目的なスペースを農園の中に持つことで、区画数が減り、売上げの低減を招いてしまう。しかし、こういった多目的スペースの存在が、さまざまなタイプの体験活動を可能とする。

レギュラーで実施されているのは、乳幼児親子を対象に畑の作業や里山遊びを実践する「森のようちえん谷保のそらっこ」、ミニチュアホースの世話や付き合い方を学ぶ「おうまさんクラブ」、小学生を対象とした「放課後畑クラブ」、婚活企業と連携した「畑で婚活」、大学観光学科ゼミと実施する「海外の食とホスピタリティ勉強会」などと幅広い。

単発の催しとしては、「夏休み宿題大作戦」と銘打って開催される小学生向けのさまざまな体験やワークショップや、本職の忍者による忍術体験も人気だ。

② 農園全体の維持管理

農園全体の維持管理については、会の利益をもって経費に充て、草刈りや片づけなどの通常管理は、会メンバー全員による無償の共同作業によって行なわれることが多い。町内会館のような公共性の高い施設の管理に似ている。

「くにたち　はたけんぼ」のように、地主でも自治体でもない第三者による農園開設の例はまだ少ない。市民団体が主体となった多様な取組みをとおして、新たな都市農地活用のモデルを示すということを当面の目標としている。

◇せせらぎ農園（東京・日野市）

せせらぎ農園は、そもそも農業振興などの目的から設立されたものではなく、日野市ごみゼロ推進課との協働によるごみ減量の取組みから始まったところが特徴的だ。200世帯弱から排出される生ごみを資源として、およそ2500㎡（約750坪）の農地で年間100品目近い農産物が栽培されている。

写真 3-18　コミュニティ農園は門がまえの入りやすさも重要だ

市民が主導役となって、生ごみ処理をとおして行政・福祉施設・市民・農家をつないでいくという仕組みをつくり、年間約30ｔの生ごみがせせらぎ農園で野菜や穀物に姿を変えている。まるで江戸時代にあった都市部と農村部をつなぐリサイクルシステムを、現代版に置き換えたような印象を受ける。

運営主体は、「ひの・まちの生ごみを考える会」の下部組織「まちの生ごみ活かし隊」という任意団体だ。会代表の佐藤美千代さんなどを中心に、30名程度のボランティアが実働メンバーだ。

生ごみ回収と堆肥化については、日野市ごみゼロ推進課からの年間予算１２０万円と、生ごみを回収する各世帯からの年会費２０００円を原資として、回収サポートや発酵促進剤の製造などは、障がい者福祉施設へ委託している。

代表の佐藤さんは、もともと国際環境問題に取り組む組織でボランティア活動をしていた。しかし、「Think Globally, Act Locally（地球規模で考え、足元から行動しよう）」という考えに共感し、地域のごみ問題に積極的に取り組むようになったという。

平成16年、事業スタート時は22世帯を対象に生ごみを回収し、八王子市の畜産農家の堆肥に混ぜ込むというという取組みだった。しかし、牧場主が体調を崩し牧場を閉じるに伴い、事業も終了と思われた平成20年、関係していた福祉団体が耕作している農地を維持しきれないという話が入ってきた。これを引き継ぎ、農地管理ができるメンバーを招き入れることで、現在の形がスタートした。

ただし、農地を利用するにあたっては当該農地が生産緑地であるために、各方面の理解を得るにはさまざまなハードルがあった。

しかし、そもそもが市の事業であり、障がい者団体への就労支援や多くの市民が集うコミュニティとしても、せせらぎ農園の活動は評価されていた。

写真3-19　せせらぎ農園における生ごみ投入

そこで、地主、活かし隊、農業委員、日野市都市計画課、産業振興課、ごみゼロ推進課で協議の結果、

1　せせらぎ農園の援農ボランティアを受けながら、地主が主体的に農業に従事する

2　区画貸しはせず、生ごみ処理を目的としたコミュニティ農園として活動する

という大きく2つの条件を満たすことによって、合意がなされた。

毎週2回、軽トラダンプで約100世帯の生ごみを収集し、畑に直接投入、発酵促進剤と米ぬかをまいて耕耘し、枯草を敷いてブルーシートで伏せこむ。これを週2回行なうと、夏であれば1か月、冬場でも3か月で作付け可能な状態になるという。

できた農産物は参加メンバーで分け合うか、近隣の住民を招いて開催される収穫祭でふるまわれる。

せせらぎ農園の取組みは、ごみ減量と農地活用の一石二鳥に加えて、コミュニティも活性化する。その存在価値は大きく、同じような取組みが各地で求められて当然のように思うが、実際には広がりをみせていない。市内でも同じような生ごみ回収モデルを実施したことがあったが、3、4年で終了してしまったという。

コミュニティ農園の運営は、個人向けの農園と比べて、より属人的な求心力が必要となる。

その点、せせらぎ農園はエリア一帯を農的空間として残していこうと、情報発信や地域の他団体との連携についても積極的に行なっている。「自分の団体メンバーの満足度を高めるだけでなく、外向きに課題を解決して、地域のためになっていくという両面からのアプローチが必要。でも、あまり意気込みすぎたり、目的意識をもちすぎるとかえって難しい」と、佐藤さんは語る。

あまり肩に力を入れすぎず、来るもの拒まず、去る者追わずに活動を続けてきたことが、結果的にせせらぎ農園が多くの人びとを巻き込み、継続できた要因のようだ。

3 行政が進める都市農業サポート

ここまで既存農家や新規参入者の事例について紹介してきたが、都市計画や市民と協働で取り組まれる「まちづくり」、あるいは観光的な観点からすると、行政の立場からのアプローチも欠かせない要素である。

神奈川では、平成18年に、神奈川県都市農業推進条例が施行され、東京都では都市農業保全推進自治体協議会が平成20年に発足し、都内の38自治体が加盟。同年、大阪府においても、「大阪府都市農業の推進及び農空間の保全と活用に関する条例」が施行されている。農林水産省においてもこの年に、「都市と地域の交流室」の名称を改め「都市農業室」を開設している。

このようにここ10年で、とくに都市農業を保全あるいは推進するべきという機運が、行政に色濃く反映されてきたと言える。その背景として考えられるのは、都市農地の虫食い状態に歯止めがかからず、住宅と農地が混在するスプロール化が都市中心部だけではなく、周辺においても進んだことがあげられるだろう。宅地転用された住宅は農地と隣接していることが多く、新住民・農業者双方で土埃やにおい、作業音などをめぐってストレスが生じるとともに、都市計画やまちづくりの観点からも、地域ごとに一貫性のある機能を持たせるような計画が立てづらくなる。

さらに、時を同じくして家庭菜園や食育をめぐるブームが到来してきており、市民側からも身近な農地を利用できるようにしてほしいという要望が高まってきた。それを表わすように平成17年に東京都が実施した都政モニターアンケートにおいては、東京に農業・農地を「残したいと思う　81％」「思わない　6％」だったのに対し、4年後の平成21年実施の同内容のアンケートにおいては、「残したいと思う　84・6％」「思わない　3・4％」と、圧倒的多数が農業・農地の価値を認識しており、さらにその意識は高まってきていることが感じられる。

この節では、そういった都市住民・行政それぞれの意識の高まりを背景に、平成21年からスタートし平成28年現在も継続している東京都と自治体の協働事業

「農業・農地を活かしたまちづくり」、農地を集積して規模拡大を目指す農家や新規参入者にあっせんする東京都町田市の「農地バンク」（平成23年スタート）、そして行政が農地を計画的に買い取る究極的な農地保全策である「農の風景育成地区制度」（平成23年スタート）の3つの施策について紹介する。

(1) 東京都の「農業・農地を活かしたまちづくり」

平成20年、東京都は「農業・農地を活かしたまちづくりガイドライン」を作成した。タイトルが示すとおり、このガイドラインは農業振興を前面に押し出したものではない。むしろ農業・農地を地域資源として捉え、まちづくりに活かしていこうというものだ。つまり、主としてあるのは「まちづくり」であって、農業・農地をそのためにどのように活用するのか、というのがテーマとなっている。

ガイドラインにおいて農業の生産以外の機能として次の5つが示されている。

1　レクリエーション・コミュニティー機能
2　教育
3　防災
4　環境保全
5　景観形成、歴史・文化の伝承機能

東京都ではこのガイドラインに沿って、「農業・農地を活かしたまちづくりプラン」を農業者・市民と一緒になって作成した自治体に対し、事業費の3分の2の補助を行なうこととした。予算規模は一自治体に対し3年間で最大約9000万円（そのうち都の補助が3分の2）である。

東京都としてはこの機会に都市農地の価値について自治体・農業者・市民が話し合い、活用のアイデアを出し合うことによって連携を深め、そこに予算を投下することによって、三位一体となった地域活性につながることを狙ったと言えるだろう。

平成20年から自治体ごとに協議会を立ち上げるなどしてプランを作成、予算執行は平成21年からとなった。対象となった自治体・予算の使い道は、表3－1のとおりである。

表3-1　農業・農地を活かしたまちづくり事業（東京都）

平成 21～24 年度	平成 22～25 年度	平成 23～26 年度	平成 25～27 年度
練馬区	日野市	立川市	世田谷区
• 区民向けPR冊子作成 • 練馬大根引っこ抜き競技大会開催 • 米作り体験・食育拠点施設 •「農の学校」実施計画策定	• 光害対策街路灯の研究 • 七ツ塚ファーマーズセンター整備 • 散策コースの整備	• 農業ＰＲパンフレット作成 • 農を活かした観光ルートの開発 • ファーマーズセンター「みのーれ立川」の整備 • 地域防災農地看板の設置	• 散策マップの作成 • 防災兼用井戸整備 • 農業公園の整備
国分寺市	西東京市	国立市	調布市
• 農業ＰＲガイドブック • 国分寺いきいき農園整備 • ファーマーズ・マーケット（市民との交流拠点）整備 •「畑のいま標示板」設置	• 都市農業フォーラム開催 • 農のアトリエ【蔵の里】の整備 • 緑のアカデミーの整備（樹木プレート，案内看板の設置）	• 農の拠点「城山さとのいえ」整備 • くにたちマルシェ開催 • くにたち野菜フェア開催 • 農のポータルサイト開設	• ガイドブックの作成 • 案内看板の設置 • 体験・学童農園整備 • 防災兼用井戸整備 • 農業用用水路親水化整備

注．各自治体の代表的事業を抜粋

一覧すると、どこの自治体においても市民と農業者が関わるイベントや交流の拠点として、中小規模の施設整備を行なったことがわかる。また、それに付随するイベントなどのソフト開発も多数なされている。

具体的事例として、ここでは筆者（小野）自身も協議会委員として携わった国立市で、どのようなことが検討され、実施されたのかを紹介したい。

◇国立市
——農業・農地を活かしたまちづくり事業

国立市は、全国の市の中でも4番目に面積が小さな自治体である。形状的には円形に近く、市の北部に位置するＪＲ中央線国立駅と一橋大学を中心に住宅地・商業地が広がり、農地は南部の甲州街道、中央高速道周辺に固まって存在している。小さい面積ながら、北部・南部それぞれにＪＲ中央線国立駅・ＪＲ南武線谷保駅があって、東西の隣接自治体と別々につながっており、市内で交わることはない。それによって、生活空間も南北で分かれている。

この分断によって、国立駅側の市民にとっては、市内に農業があること自体があまり実感を持たれておらず、とくに市内産のコメが生産販売されていることを耳にして、驚きをあらわにする市民も少なくなかった。

写真3-20　農の拠点「城山さとのいえ」オープニングイベント

協議会メンバーは19名で、市産業振興課の職員を事務局として、農家（用水組合・農業委員会・JA青壮年部など）、商工業者（商工会女性部・青年部・他、農産物流通・サービス関係者）、市民（消費者団体など）、有識者（生態系・CSA（＝Community Supported Agriculture〔コミュニティで支える農業〕）の専門家など）といったメンバーで構成された。

協議会で話題の中心となったのは、農産物の流通や農的な体験活動をとおして、国立市の南と北の対流をどう推し進めていくのかということだった。そのために企画されたのが、農の拠点施設だ。この施設は、農産物の販売を主要な目的とせず、市内農業に関する情報発信と体験を提供することを目指している。のちに「城山さとのいえ」と命名される当該施設の運営基本方針は、次のように記されている。

「くにたちの農ある暮らしの楽しさや豊かさを創造し、発信し続ける『農の拠点施設』として、また城山公園や崖線（ハケ）の二次的自然を活かした里山を創造し、多様な人びとが出会うことで新たなコミュニティを築くターミナルとして計画しています」（平成26年2月、城山さとのいえ基本方針及び業務の基準案）

以上のような考えのもと、東京都からの補助を受ける3年の計画の中で、農の拠点施設のオープンを3年目に予定し、そこに向けて地場農業のPRとイベント

図 3-2　国立市の「農業・農地を活かしたまちづくり事業」イメージ
出典：国立市 農業、農地を活かしたまちづくり事業 実施計画

が随時開催されていくこととなる。

行政の予算で実施される農業振興事業アイデアを一通り網羅しているようなラインナップとなっているので、それぞれの実施内容と評価について具体的に紹介する。

①イベント開催

(a)くにたち　マルシェ

農家それぞれが、軽トラ1台分ほどの小さな八百屋を構えて、商工業者が屋台やカフェを出し、司会や音楽などで盛り上げるというマルシェは、今や各地で見られるようになった。

「くにたちマルシェ」は、市営のグラウンドを貸し切って駐車スペースを大きくとったことが、一つの勝因となって評判を呼んだ。重量のある冬野菜などは、持ち帰れないという理由で、小規模店舗での購入が控えられ、大型スーパーや宅配に需要が移行しているということも大きいだろう。マルシェのようなイベント感のある場で、野菜を抱えながら移動するのは、かなり不便だ。野菜や米の直売を考えたときに、車でのアクセスはもはや不可欠と言えるかもしれない。

天候に左右されるマルシェは、開催側にとっては大きなリスクではあるが、行政・農家・商業者・市民が一体となって運営委員会を立ち上げてイベントを開催するという機会を設けることで、お互いの事情や需要を知るきっかけとなっている。

「くにたち版ＣＳＡ」という言葉とともに、本事業の目玉企画として、事業終了後も市の農業振興予算で継続されている。

(b)飲食店での地場野菜メニュー提供「野菜フェア」

先述のように、国立市は商業地域がＪＲ国立駅のある北部に集中し、農地が南部に集中しているという特徴がある。それに伴い農家直売も南部に集中しており、65ページで紹介した(株)エマリコくにたちによる地場野菜に特化した八百屋「しゅんかしゅんか」ができるまでは、飲食店で地場産の農産物を扱うのは流通的にも困難であった。

野菜フェアは、国立市の商工会青年部が中心となって企画された。２週間の開催期間中、市内飲食店で地場野菜を原料としたメニューを提供する店に、のぼり旗などの販促物を提供し、公式サイトとチラシでＰＲをするというものだ（図３－３）。

図 3-3　国立市内 約40 の飲食店で地場農産物を使ったメニューが提供された

平成25年の初回は6店舗の参加だったが、2年目以降の参加店は40店舗前後となっている。

参加店は自ら地場野菜を直売所などで仕入れる必要もあり、フェアによって売上げが短期的に格段に伸びるようなものではない。しかし、通常自営的な個店では横並びのフェアなどはなかなか企画できないこともあり、地域を応援する店としてPRされることもあり、参加に価値を感じているようだ。

(c) 田んぼでどろまみれイベント

国立市内の公立小学校では、稲作体験が5年生の授業に組み込まれており、田植えと収穫をほとんどの小学生が体験できるようになっている。しかし、この「どろまみれイベント」は、食育的な意味よりも、純粋に田んぼを広場として捉え、楽しく過ごせる内容で企画された。

ポスターには「田んぼで遊べ！」というキャッチがついており、屋台出店、生演奏にソリレースやドッジボールといった内容で、農地の多面的機能のうち、誰もが楽しめるという環境的要素を強調したものとなった。都内では水田も少なく、このようなイベントはほとんど開催されていないことを考えると、運営方法によっては、大きな需要を生む可能性があると思われる。

実施場所確保の問題で、市の恒例行事とはなっていないが、同事業におけるモデル農園「くにたち　はたけんぼ」において、毎年、小規模に開催されている。

② 地場農産物PR

(a) くにたち　あぐりッポ
――地場農業を紹介するWEBサイト

国立市農業のポータルサイトという意味で名づけられた「くにたち　あぐりッポ」は、公募した市民ライターが市内の農業現場に行って取材した内容を紹介する特集記事と、直売所、市民農園情報を中心に成りたっている。

開設は市内NPOによってなされ、デザイン性が高く、市民ライターの積極的な参加によって、消費者目線のサイト構成がなされている。市内の農業者、直売所、市民農園などを地図で網羅している。

ただ、事業実施の期間が過ぎると、運営は市の直営に移行し、内容的に目新しいものが追加されることが少なくなってしまった。直売所や市民農園は毎年新設と閉設が繰り返される。連絡先や場所や名称の変更も想定される広報物は、情報量を緻密に入れ込めば入れ込むほど、継続的な更新が求められる点が、大きな課題と言えるだろう。更新にかかる労力やサイトの運営費を獲得するための広告収入を得るなどの道も検討されたが、市直営なのでアクセス数を積極的に取りにいくような臨機応変の対応も難しく、最低限の情報更新にとどまっている状況だ。

(b)「くにたち野菜」ロゴマーク選定

地域農業や農産物の広報宣伝に活用できるアイコンを作成するのは、昨今、定番となってきている。国立市でも商工会青年部が、98ページで紹介した農商工連携事業「くにたち野菜フェア」に併せて、ロゴマークの公募を行なった。

市内外を問わず公募し、30以上集まった案の中から、行政・農家・商業者代表によって選出された。このマークは本事業に限らず、市内農業をPRする場で、自由度高く利用できるようになっている（99ページの図3－3で使われているマーク）。

近年ブームとなっているキャラクターの公募ではなくロゴマークにしたことで、汎用性が高くなり、直売におけるのぼり旗、農家の軽トラへ貼れる磁石ラベル、飲食店が地域農業を応援していることをPRできるラベル、協力農家の畑での掲示など、さまざまな場面で利用され定着してきている。

ただし、国立市の農業生産においては、市外向けに大量に出荷するなどの展開は生産量的にも想定しづらく、あくまでも市内流通の促進という役割にとどまっている。

(c)市内産米を用いた日本酒「谷保《やぼ》の粋《いき》」製造

日本酒「谷保の粋」の製造は、市内の酒商組合とJAの協働事業として実施された。東京では、まとまって水田が残っている地域が限られているが、年々減少はしているものの、国立市では旧来の水田地帯が残されている。ただし、その多くが自家用と親戚まわりなどの身内で消費され、直売所で多少流通する以外は、消費者に届くことは少なかった。

しかし、国立市の農業を語るうえでは、特産品と言えるような農産物を確立できていないこともあり、「国立市産のコメ」をPRすることが特産化につながるのではないかという議論は、協議会でも行なわれてきた。本事業においても、コメを生産する農家有志によって、地域の歴史ある神社・谷保天満宮にちなんで「天神米」という名称をつけての販売も試みられている。

しかし先述のとおり生産量が潤沢ではないなかで、少量でもインパクトのある加工品が検討され、そのなかで浮かんできたアイデアが、日本酒の製造であった。

東京都・福生市の老舗・石川酒造と契約し、コシヒカリを用いた全量買い取りの委託生産となった。酒米の確保に労を要したが、8軒の農家から2400kgのコメを仕入れ、選別した2000kgの原料を720ml瓶で1600本と、1升瓶で800本に加工した。この取組みは評判を呼び、飲食店や個人で記念に買うところも多く、販売と同時に完売となった。

しかし、この事業もいまのところ単年度の取組みとして終了し、継続の予定は立っていない。複数農家を取りまとめての原料確保さえできれば、オリジナルブランドでの日本酒製造自体は可能であり、味的にも標準以上のものができ、販売力もあるということが実績として残せたというところだ。

③ 施設整備

(a) 城山さとのいえ――農の拠点施設

施設は先述のとおり、野菜の販売よりも市民に農的な体験を提供する場として、整備するということとなった。常設の直売所はすでに複数存在し、それらと顧客を食い合うような施設をわざわざ不便なところにつくる意味があまりないということも考えられた。

この事業における整備施設は、一つはコミュニティ農園のところで紹介した「くにたち　はたけんぼ」であり、もう一つが本事業の本丸と言える農の拠点施設「城山さとのいえ」である。

建物の面積は約130㎡。戸建ての住宅ほどの大きさに、展示スペース、机イスとキッチンスペースがあるという内容で、屋外に泥落としなどを整え、農体験の休憩所や少人数の学習やワークショップの場といった役割を持たせている。当面は市の直営として、市が借り受けた農地で栽培した農産物の収穫体験などの拠点となっている。

(b) くにたち　はたけんぼ ―― モデル農園

「くにたち　はたけんぼ」の開設の経緯や、運営内容についてはコミュニティ農園の項（86ページ）に詳細を記載した。

行政発でありながら、独立採算での運営となっている。筆者も立ち上げから深く関わり、運営主体の一員となっているが、採算を合わせながら、運営者の士気を保つようにして、公共性の高い施設を運営していくモデルとなれるかどうかが、今後の要であると考えている。

④ 農業者とそれ以外の市民の交流体験が成果

以上、代表的な事業を紹介してきた。これらのほとんどが、農家が持っている資源としての農産物や農地を、市民としてどのように活用できるのか試行錯誤した結果と言える。

それぞれのプログラムは、市が事務局として調整し、JA青壮年部などの農家グループ、市内商工業者からなる商工会青年部、女性部などの既存団体が、実行委員会を立ち上げるなどして運営に当たった。また、この事業から「くにたち市民協働型農園の会」といった任意団体も生まれた。CSA(Community Supported Agriculture）という地域で農業を支える欧米の概念があるが、国立市における取組みもその一つの形と言えるだろう。

本事業をとおして、多くの人びとが農業に関心を向ける契機をつくったと言えるが、最終的には農家自身が農業・農地を継続していこうという積極的な意志を持たない限りは、先細りとなることは逃れられない。また、たとえ意志があったとしても、生業となるまでの売上げを確保するのは、個々の農家が保有する農地の面積からみても容易なことではないうえに、相続の際には、まとまった納税額を確保するために、農地を売却するという選択を取らざるを得ないのが実情だ。

本事業一番の成果として言えるのは、3年間事業を進めていくために農業者とそれ以外の市民が顔を合わせて議論をし、一つの事業に一緒に取り組むということが繰り返されたこと自体と言えるかもしれない。今までは、お互いの領域に踏み込まないという風潮があった。

いくつかの継続事業が生まれたことからみても、農業に対する市民全体の意識が高まる契機となったと言えるだろう。

(2) 東京都町田市の「農地バンク」

◇行政による農地あっせんへのさまざまなハードル

行政が遊休農地の情報を集約し、あっせんするにはさまざまなハードルが存在する。そもそもの「行政が民有地を個人や事業体に紹介すること自体が、望ましいものではない」という考え方もある。また、行政が間に入ることによって、当事者間で何らかの問題が生じた際に、その対応や事後処理に、時間や予算をとられる可能性もある。そのようなリスクのうえに農地の情報を集めリスト化し、希望者の窓口を開設して営農可能な個人か団体であることを査定する、といった手間を考えれば、行政担当部署の負担はかなり重くなるだろう。

農業経営基盤整備促進法が平成21年に改正され、意欲のある農業者が農地を利用する権利を取得しやすくするよう、行政として働きかけていくという方針が、農林水産省から出ている。しかし、先述のような事情もあり、多くの自治体がその実施に至っていない。

写真 3-21 「農地バンク」であっせんされた農地

しかし、東京都町田市では、農水省の方針を受けて、平成23年にいち早く「農地利用集積円滑化事業（農地あっせん事業）」をスタートさせた。遊休農地を所有者が「農地バンク」に登録し（市街化調整区域内の農地に限る）、農地拡大や新規参入を希望するものが「担い手バンク」に登録する。町田市からは農地情報を明記した資料が随時公表され、「農地バンク」と「担い手バンク」の照合を促す。この資料には所在地・地目・面積に加え、接道、傾斜や耕作実績、草の状況など、利用者にとって有益な現況情報や用途に加え、賃料などの条件も明記されている。さらに、場所をマーキングされた地図も添付されており、一目瞭然だ。このように、自治体内の遊休農地の状況が見えるようになっており、担い手バンクに登録されていればその情報を受け取れるという細やかな対応が、まずは先進的と言えるだろう。

平成26年4月現在で、15・1haの農地が農地バンクに登録され、担い手バンクには91名が登録されている。担い手バンクの内訳は表3－2のとおり。農地拡大を希望する既存の市内農業者と新規就農希望者の数が拮抗しているというところに、昨今の農地の具体的な需要が表われている。結果として22名の農業者が農地を拡大、2法人を含む20名の新規参入を実現させた。

なぜ町田市は、率先してこの事業を進めることができたのだろうか。

表3-2　町田市の農地あっせん事業・成果概要（2015年9月現在）

＜農地バンク＞

	登録	あっせん成立
市有地	約8.4ha	約8.2ha
民有地	約6.7ha	約5.8ha
合計	約15.1ha	約14.1ha

＜担い手バンク＞

	登録	あっせん成立
市内外農家	61名（うち3法人）	22名（うち1法人）
新規就農希望者	30名（うち2法人）	20名（うち2法人）
他（農協など）	2名	0名
合計	94名	42名

◇市が所有する広大な農地問題

町田市は東京都から神奈川県にせり出したような場所に位置し、地理としては丘陵地が多く、神奈川に流れ込む鶴見川の源流域となっている。ベッドタウンとして開発が進み、1970年代から人口が急増した。それに伴って開発計画も進んだが、住宅都市整備公団（現・UR都市再生機構）が取りまとめていた土地区画整理事業が平成14～15年に中止となり、その後40haの農地を含む100haほどの土地を町田市が買い取った。

それを受けて町田市では、その地域を農業振興地域に指定し、「農と緑の公社」を設立して、一帯を中心に農と緑のまちづくりを進める方向で検討していた。しかし、市有地以外の地主たちとの合意に至らずその計画は頓挫、次の一手を講じなければならない状況にあった。

つまり、農地あっせん事業を始めるにあたって、町田市としては、URから買い取り、所有することとなった約40 haの農地（市街化調整区域）を、どのように維持管理していくのかという、差し迫った問題があったということだ。実際に農地バンクには、町田市が所有する農地8・2 haが登録されている。40 haのうち2割ほどの面積だが、それ以外の農地は山林化が進んでしまい、実質的に耕作できない状態にあるという。

市有地の活用がきっかけとなり、事業が順調にスタートしたかと言えばそうではない。先例のない事業を進めるにあたって、失敗に至らないよう、周到な準備も進めている。その代表的なものとして、「町田市農業研修事業」があげられる。

◇町田市の農業研修事業

農地あっせん事業が始まる前年の平成22年、「町田市農業研修農場」が、市有農地内に開設された。研修農場はトイレや研修用のビニールハウス、機械倉庫などの施設が備えられている。この農場は、農業後継者や市民援農ボランティアの育成だけではなく、新規就農者の輩出を目的としている。受講者は年間4万円の研修運営費を払い、月4回の研修を2年間受けることができる。ここを修了すると、農家の子弟でなくても担い手バンクへの登録が認められ、町田市での就農が可能となる。法人として就農した(株)キユーピーあい社員も受講し、平成27年までの5年間で、44名の修了生を送り出している。

この農場の運営は、後出のNPOたがやすが町田市から委託を受けている。講師は地域の農業者や農協職員などだ。用地と基本施設は行政で用意しながらも、運営は地域農業と密接に関わるNPOであり、就農や農地拡大のほか、援農ボランティアの育成もできれば、農業振興にストレートにつながっていく。農地あっせんと人材育成をセットにしてスタートさせることができたことで、農地バンクと担い手バンクの結びつけがより確実なものとなっている。

◇農地バンクを利用した事例

①NPOたがやす

既存の市内団体が本事業を利用した例として、NPOたがやすの存在は大きい。NPOたがやすは、生活クラブ生協の女性団体の勉強会や農家ボランティアなどがベースとなり、平成14年に設立された。最初は生協に農産物を送る生産者の作業を手伝うことが目的の組織だった。しかし、援農を進めたいという市からの要望を受けて、公園緑地内に研修農園を開設した実績がある。

現在では会員130人を有し、先だって紹介した研修農場の運営のほか、農地バンクを活用して耕作放棄地を開墾、幼稚園や小学生向けの農作業体験のほか、地元サッカークラブ会員向けの収穫体験なども実施している。

②(株)キユーピーあい

企業の参入事例としては、キユーピー(株)の特例子会社であるキユーピーあいがある。特例子会社とは障害者雇用に特別な配慮をしており、障害者雇用促進法に基づいて、障害者雇用率において親会社に雇用されているものとみなし算定できる子会社のことを言う。

キユーピーあいは、グループ会社の事務関連作業やグループ関連施設の清掃など、数多くの業務をしているが、雇用の幅を広げるために、平成25年から露地野菜の生産を始めた。

もともと会社が町田市にあったこともあり、市と相談しながら、かなり荒れた農地を補助事業で整備して事業をスタートさせた。栽培技術は、先述の町田市研修農場に社員が2年間通って学んだものが基本となっている。2名の障がい者を雇用し、現在はグループ企業従業員向けの野菜販売がメインとなっている。

以上、既存の認定農業者の拡大をはじめ、新規参入事例も、一般法人、地域NPO、新規就農と幅広い。政策として農業振興を謳《うた》っていても、ここまで多彩な案件を成立させるのは容易ではないだろう。逆に言えば、東京都で新規参入を考えたときに、町田市以上に受け入れ体制の整ったところは存在しないので、案件が集中したとも言えるかもしれない。

◇農地バンクの今後

もちろんすべてが順風満帆なわけではない。農地バンクを利用して参入した企業が撤退するということもあった。しかし一方では、確実に遊休農地の活用は進んできており、今後の展開に期待が集まっている。

市の担当者は「最初は市所有の農地の問題などもあったため、その課題解決として取り組み始めた一面がありました。農業委員会も協力し、本格的に告知に努めてくれたことで、まとまった面積を確保することができました。農地と担い手との引き合わせが進むと、いろいろなところから新規就農希望の話をいただくようになりました。今の課題は、登録農地を増やすことにあります」と語っている。

市有農地もすべてバンクに登録されているわけではないが、農地として利用するには荒れすぎてしまい、開墾費用がかかりすぎることがネックともなっている。また、新規就農して経営を安定化させようとするなら、農地の拡大は必須条件となる場合も多く、供給が間に合わない状態が続いている（図3-4）。

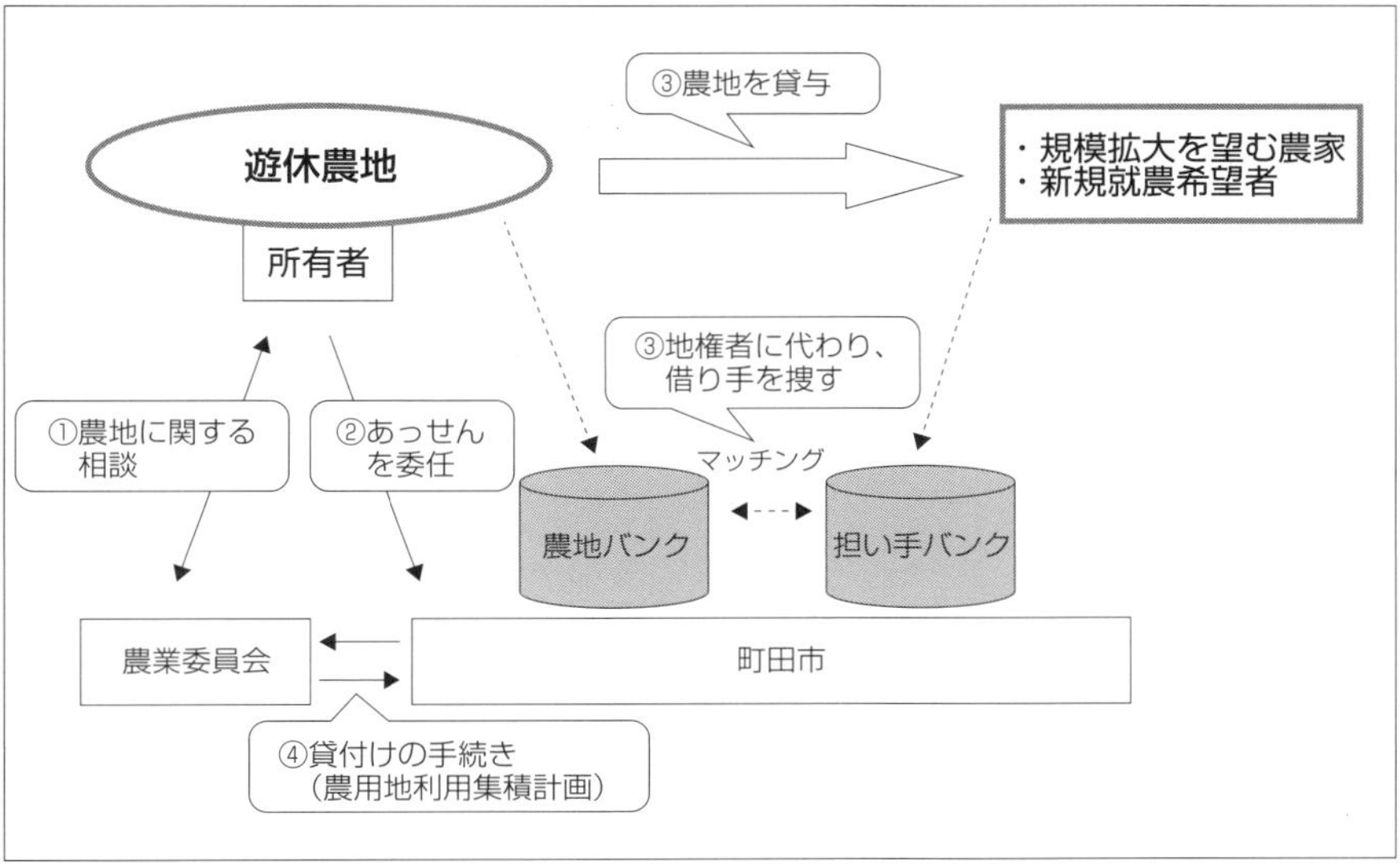

図 3-4　町田市「農地バンク」と「担い手バンク」の仕組み

写真3-２２　町田市農業研修農場

(3) 農の風景育成地区制度

農の風景育成地区制度は、農地保護の最終手段とも言える「行政による農地の買取り」を、制度的に後押しするものだ。制度の名前が示すように、「農業の振興」ではなく「農の風景」を育てるというところにポイントがある。制度の管轄自体も、東京都産業労働局農林水産部ではなく、都市計画などを担当する東京都都市整備局が主体となっている。

同局が平成22年に出した「緑確保の総合的な方針」において、制度のねらいを「地域に比較的まとまった農地や屋敷林が残り、農業公園を核とした特色ある風景を形成しているような場合は、将来とも農の風景として育成していくことが必要である。このため、農業や食への理解を深める場や環境機能に貢献できる緑地としての機能、災害時に避難できる空間としての機能などを併せもった、風景の育成を都市計画手法を活用して、推進していく」としている。

つまり、農業生産から農地を捉えるのではなく、都市における多面的機能そのものを評価し、農地だけでなく周辺の樹林なども含め伝統的な農のある風景を、自治体と連携して都市計画的に残していこうというものだ。その手段として、地権者が売却する際には行政で何らかの方法で買い取る、ということになっている。そして、行政で買い取った場合は、農業公園などの名称で、農を活かした緑地として維持管理することとなる。

買い取るというのはたやすいことではない。宅地並みの評価額での買取りとなるので、1000㎡(10a)といった面積でも1億~2億円の買取り価格が想定される。

ただ、この額をすべて自治体で負担するわけではなく、東京23区の場合、特別区として都市計画税を原資とした都市計画交付金を、公園用地取得という名目で使うことができる。特別区以外の自治体では、この交付金を使うことができないので、現状、区部に相当の優位性があるということとなる。

この制度活用の第1号の世田谷区に続き、調布市が本格的に検討していたが難航、実際に第2号となったのは練馬区であった。両区の地区制度の概要を見てみよう。

◇世田谷区　喜多見4・5丁目

世田谷区は平成21年、「世田谷区農地保全方針」において、すでに「他の農地保全策をもってしては保全できない農地」について「区が用地取得のうえ、農業振興等の拠点機能として活用するために必要な整備を図る」と定めていた。

東京都の農の風景育成地区制度が執行されたのが平成23年であるから、世田谷区としてすでに定めていた方針に、都の制度が合致したということになる。

「自治体が農地を買い取った後、農業振興の拠点として整備していく」と聞くと、広びろとまとまった農地が虫食いにならないように、順次買い取っていくというイメージを持つが、実際は次ページの図3－5のとおり、農地は点在し、それぞれが住宅地と隣接している。中心となっている次太夫堀公園は、もともと公園として3・6haほどの面積を持ち、再現古民家や体験水田など里山的な要素をまとまって残しているが、指定地区面積全体49・1haに対し、農地面積は4・1ha（うち2・8haが生産緑地）にすぎない。神社仏閣の緑地や保存樹林、市民緑地、墓地などの史跡も含めて、一帯を「農の風景」と位置づけている。

農地4・1haを買い取るというのは、たやすいことではない。すでに購入した農地は、1500㎡（約450坪）で3億円ほどの評価額となった。もしこの面積単価で、買収対象としている約2haを買い取るとすると、単純計算で40億円となる。もちろんこの評価額がすべてではないし、地主自身による営農をサポートすることが優先されるため、全農地の買取りが前提ではないが、この方針を打ち出すために、行政としても相当な覚悟と準備が必要となったことは想像に難くない。

公有化された土地は農業公園などとなり、区民参加型農園のほか、子どもの食育や環境教育のために使う、若年者・高齢者・障がい者の自立支援を目的とした教育福祉農園として整備する、などを想定している。

図3-5　世田谷区喜多見４・５丁目農の風景育成地区・構想図
注. 黒塗りされている部分が農地

◇練馬区　高松1・2・3丁目

練馬区は、東京23区の中で最も広い農地を有する自治体だ。23区内の農地面積は約576haであるが、そのうち224haが練馬区にある（平成26年現在）。

産品としては大根・キャベツの生産が盛んであり、江戸東京野菜の練馬大根でも知られている。また、農業体験農園（69ページ）で紹介したとおり、「練馬方式」とも呼ばれる農業体験農園の基本的な枠組みの発祥の地である。

区内には17か所の農業体験農園のほか、市民農園整備促進法（142ページ）でクラブハウスなどを整備した市民農園5か所、宅地化農地を使用貸借し、貸農園として整備した区民農園が21か所、ブルーベリーの摘取り農園が29か所と、区民が参加できる農サービスがそろっている。これらを目的として練馬区を居住地として選ぶ市民もおり、都市農業そのものが区のブランドとなっている。

東京都38自治体で構成され、都や国に都市農地保全の政策提言などをしている「都市農地保全推進自治体協議会」設立の呼びかけをしたのも、練馬区である。

しかし、そのような先進自治体と目される練馬区においても、農地の減少は他自治体と相違なく、平成10年には350ha以上あった農地が、平成26年には224haとなっている。これは数々の農業振興施策や個々の農家の創意工夫によっても、全体的な面積減少に対抗する効果は明確に見られないということを意味し、厳しい現実を突きつけられている。

以上のような状況を鑑みて、練馬区でも農の風景育成地区を指定して、農地の買取りを実施した。

高松1～3丁目の風景育成地区は、総面積36ha（住宅地含む）であり、地区内に6・26haの農地（うち4・9haが生産緑地）のほか、公園緑地、屋敷林、土蔵、地元野菜を用いたレストランなどが存在する（図3－6）。

地区指定とほぼ同時に整備されたのが、「農の学校」である。もともと、市民農園として区が借りていた農地3700㎡（1110坪）を、練馬区土地開発公社が買い取り、今後は区が買い入れる予定だ。研修畑、休憩スペースなどの整備にあたっては、農林水産省の

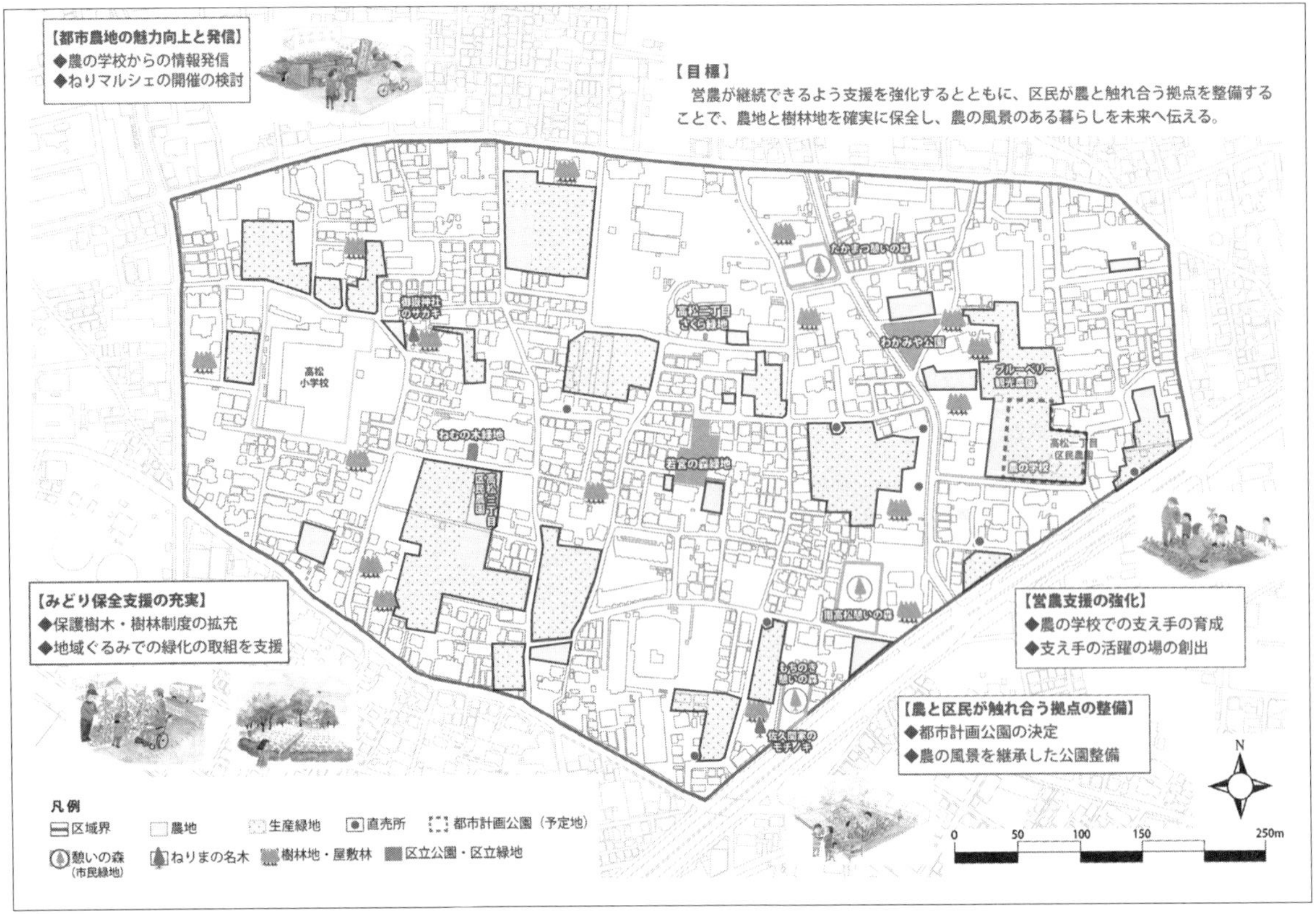

図3-6　練馬区高松一・二・三丁目農の風景育成地区計画（平成 27 年 6 月）
注．太線で囲われているのが農地と生産緑地

「農のある暮らしづくり交付金」を活用した。今後、土地の購入にあたっては、東京都の「都市計画交付金」を活用する予定で、区の支出は最小限に抑えられるという。

「農の学校」設立のねらいは、農業を支える市民を育成し、支え手を必要とする農家に引き合わせることとしている。開設する講座は体験コース・初級コース・中級コースに分かれているが、公募した体験・初級コースは、募集人数に対し6倍ほどの応募となった。

写真3-23　練馬区の農の学校

今後の展開としては、外国人観光客の農的サービスへの誘致なども考えているとのことで、より日本的な農の風景をそのまま維持していく必要があると言えるだろう。

この制度の難しいところは、指定した区域すべてを公有化し、整備することが、目的ではないところにもある。農の風景を保全するために、まずは農家の営農が継続できるような支援強化が優先され、それでも営農が困難となった際に、その都度の対応が求められる。買取りの原資もさることながら、公有後の運用方法についても、持続できる形を考えなければならない。

とはいえ、まずは国や都の財政的な支援を求めやすい状況が、この制度によって整ったということで、今後の展開に期待したい。

コラム②

都市農業には人の心を耕す役割がある

東京・世田谷の小さな菜園で野菜をつくるアナウンサー「ベジアナ」です。都会の人も野菜をつくって農に親しめば、日本の農業は変わる、楽しいものになる!、との思いから、ブログやコラムで家庭菜園の楽しさと感動を発信しています。

農業との出合いは、金沢の石川テレビでアナウンサーをしていた頃、ニュース番組企画で野菜づくりをしたのがきっかけでした。黄色い花の下がどんどんふくらんで実っていく赤ちゃんキュウリの成長、大輪のオクラの花を生でかじると糸を引くねばねば感。自分でつくった野菜には、売られている野菜にはない発見と感動があることを知りました。

その後、フリーになってからは、東京23区にも区民農園があることを知り、この12年で品川区、大田区、世田谷区の農園を経験しましたが、希望者が多過ぎて抽選に外れてしまい、借りられないことのほうが多いというのが、最近の都会の農園事情です。

野菜をつくるまでは当たり前だと思っていた赤くて丸いトマトが、自分で育てると、ひび割れたり、いびつだったり、うまくできるのはほんのわずかです。店頭に並ぶまあるいトマトは、実は「選ばれしトマト」だったのかと、生産者へのリスペクトが生まれ、値段だけでなく、産地、品質、鮮度など選ぶ基準が多様になりました。

野菜づくりの魅力は収穫だけではありません。ひとたび菜園へ行けば、野菜の花のかわいさに胸をときめかせ、それを伝える写真を撮るためにあれこれ考え、頭も体も心も五感フル稼動です。草取りを始めるとあっという間に時間がたち、あたりが暗くなった頃には、気分スッキリ!、ストレス解消!、確実に元気になっています。

また、わたしはNHK Eテレで「ハートネットTV介護百人一首」という介護の番組の司会をしているのですが、地方の農村へロケに行くと、お年寄りの元気なこと。百歳で自立して畑を耕していた埼玉県小鹿野町の義七じいちゃんの姿は、今も忘れられません。義七さんにとって、畑は生きがいでした。クワを振り上げると背筋が伸び、ロケ帰りにはキクイモをくださいました。畑仕事に誇りを持ち、与える喜びを知っている人でした。同時に、農村を取材して感じるのは、日本の農業問題は農村だけでは解決しない、都会の人の意識を変えることが不可欠だということです。

東京都国立市に「レジャー農園」という高齢者支援課が管轄する市民農園があります。60歳以上の市民を対象に、現在140世帯が利用しています。農地は保たれ、新鮮な野菜がとれ、少なくとも140人の介護予防になっています。一石何鳥か数えきれません。

高齢化社会、人口減少問題を抱える日本で大切なのは、「健康長寿」です。お年寄りが農園でいきいき活動すれば、医療費削減につながり、耕作放棄地も減ります。土にふれて植物の息吹を感じ、食べ物をつくる営みには、喜びがあります。

また、園芸療法と言われるように、働き盛りの世代や、職場で自信や誇りを失いがちな若い人、心のストレス、うつを抱える人の息抜きや達成感を味わう場にもなるでしょう。

福祉と農業の連携は「医福食農連携」として、農林水産省でも推進しています。とくに人口の集まる都市部で、高齢になった土地持ち農家は自ら耕さずとも、その農地を地域の希望者に解放する仕組みになれば、子育て世代の食育や多くの人の居場所づくりにもなります。

農に親しむ人を増やせるのは都市の農地ならではです。一度でも体験があれば、農業そのものへのリスペクトが生まれ、農業・農村の価値を知る人が増えるでしょう。

1億総活躍社会もよいですが、わたしが提唱しているのは「1億総プチ農家」です。田んぼや畑ほど、あらゆる人が活躍できるステージはありません。あなたも身近な菜園から野菜づくりを始めませんか。一粒の種をまくことは、日本の抱える課題と、それをとりまく人の心を耕すことになるのです。

小谷あゆみ

フリーアナウンサー。NHK「ハートネットTV 介護百人一首」司会、農業・福祉をテーマにした取材、執筆、講演。農林水産省食料農業農村政策審議会・農業農村振興整備部会委員。

第四章　都市農業に関する主な法制度

1 農地法

(1) 農地所有権を取得するために

農地の所有権を取得する方法として、①売買、②贈与、③相続、④遺贈といった方法が考えられる。

相続は、被相続人が農地を所有している農家に限った農地所有権の取得方法であり、誰でも農地を相続できるわけではない。また、遺贈は、遺言により人に財産を無償で承継させる方法であるが、遺贈を受ける受遺者となるにも農地所有権との特別な関係が要求される場合がある(法定相続人を除く特定遺贈の場合等)。

そこで、農地の所有権を取得したいという新規就農者や農業参入を検討する事業体が農地の所有権を取得しようとすると、売買か贈与によることが想定される。

農地の所有権を取得するためには、売買であるか贈与であるかに関わらず、農地法3条1項に基づき、原則として農業委員会の許可を受けなければならない。そのため、農地の所有権を取得したいという新規就農者や農業参入を検討する事業体がいたとしても、自由に農地の所有権を取得できるわけではない。

(2) 農地法3条1項許可の基本要件

◇農地法3条2項の判断

農地法3条1項の許可を得るためには、3条2項の不許可事由に該当してはならず、結果として①全部効率利用要件、②農作業常時従事要件、③下限面積要件、④地域との調和要件を満たす必要がある。各要件の概要は次ページの表の通りである。

全部効率利用要件	・農地の権利取得者等が農地の全部について効率的に使用して耕作を行なうと認められるか。 ①機械 農業経営に必要な機械を備えているか。 ②労働力 農業経営に必要な労働力を備えているか。 ③技術 農業経営に必要な技術を備えているか。 ④計画 具体的で実現可能な経営計画を持っているか。 ⑤資金 資金及び資金計画を持っているか。
農作業常時従事要件	・農地の権利取得者等がその取得後において行なう耕作に必要な農作業に常時従事（原則として年間150日以上）すると認められるか。
下限面積要件	・農地の権利取得後の面積が下限面積（北海道で2ha、都府県で原則50a）以上であるか。
地域との調和要件	・取得後において行なう耕作の事業の内容や農地の位置・規模からみて、農地の集団化・農作業の効率化その他周辺地域における農地の農業上の効率的かつ総合的な利用の確保に支障を生じないか。
農地所有適格法人要件	・農地の権利取得者が法人の場合、農地所有適格法人か。
その他	・信託の引受けによる権利取得でないか等。

◇農地法の処理基準

農地法関係の事務は、農林水産事務次官発「農地法関係事務に係る処理基準について」（農地法処理基準）を踏まえて運用されている。

農地法3条2項関係の判断基準も農地法処理基準に明記されているが、この判断基準が解釈を幅のあるものとしている。例えば全部効率利用要件は農地法処理基準においても客観的・具体的な基準が定立しているとはいえない。これは、農地の利用状況は地域における諸条件に左右されるものであって、全国的に一律の硬直的な基準を設定できないことに起因している。

農地法制が複雑といわれるのは、法律自体が制度的に複雑であることに加えて、農地法を統一的に解釈できたとしても判断基準自体の地域差が性質上不可避であり、運用でさまざまな取扱いがなされ得ることによるものといえよう。そのため、特定地域に限らず広く農地に関する法制・税制の事例に接していくことが、農地の諸制度を理解するうえで重要である。

(3) 農地所有適格法人（農業生産法人）

従来、農業生産法人とされていた法人は、平成28年4月1日施行の改正農地法では「農地所有適格法人」と名称が変更されることになっている。以下において、改正前の農業生産法人であった時代の例を念頭に記載している部分はあるが、農地所有適格法人と表現している。また、特に断りのない限り、法人形態として株式会社を前提としている。

◇農地所有適格法人の概要

農地所有適格法人でない法人が農地法3条1項に基づく許可申請をしたとしても、農業委員会は当該法人が農地所有権を取得することを許可することはできない（農地法3条2項2号）。そのため、企業等の法人が農地所有権を取得する場合には、農地所有適格法人であることを要する。

ところで、農地所有適格法人という法人形態があるわけではない。農地所有適格法人は、あくまで農地法外で設立した法人が、農地法に規定した農地所有適格法人要件に該当する場合に、当該法人を農地所有適格法人と呼ぶにすぎない。すなわち、農地所有適格法人という法人を設立する方法があるわけではなく、まずは会社法等に基づいて法人を設立し、設立した法人が農地所有適格法人要件を満たした場合に、農地所有適格法人と呼ばれるようになるにすぎないのである。

株式会社であれば、会社の商号に株式会社という文字を含めなければならないことになっている（会社法

6条2項)。しかし、農地所有適格法人であることを商号に含めなければならないという規制はない。したがって、株式会社○○が農地所有適格法人に該当したとしても「農地所有適格法人株式会社○○」という商号になるわけではないし、法人登記に農地所有適格法人であることが記載されるわけでもない。

農地所有適格法人株式会社○○という表記をしていたとしても、任意にしているにすぎない。このように農地所有適格法人であることを記載する例では、農地所有適格法人であることによる差別化やブランディングの効果を期待していると思われるものが多い。

◇農地所有適格法人の要件

農地所有適格法人は、①法人形態要件、②事業要件、③構成員要件、④役員要件、⑤農作業従事者要件について農地法に規定された要件を充足する必要がある(農地法2条3項)。

農地所有適格法人の要件に農地の所有は含まれていない。農地所有適格法人は、あくまで農地の所有権を取得し、農地を所有することに適格な法人にすぎず、農地を所有しているか否かを問わないのである。農地を全く所有していない農地所有適格法人というものもあり得る。

各要件を左表に整理した。持分会社、農事組合法人でも農地所有適格法人として認められるが、説明が複雑化するのを避け単純化するため、③構成員要件、④役員要件、⑤農作業従事者要件については株式会社を前提に記載している。なお、株式会社以外の法人であっても、要件の基本的な考え方は同様である。

①法人形態要件	・法人形態は、次のいずれかであること 株式会社(株式譲渡制限会社に限る) 持分会社(合名会社、合資会社、合同会社) 農事組合法人
②事業要件	・主たる事業が農業(関連事業を含む)であること。主たる事業が農業であるかは、売上高の過半であるかを基準として判断する。

③構成員要件（株主要件）	・株式会社では次に掲げるような者の議決権合計が総議決権数の過半であること。 農地の権利提供者 農作業委託者 農業常時従事者 農地利用集積円滑化団体・農地中間管理機構に農地の権利を提供する者 農地を現物出資した農地中間管理機構
④役員要件	・常時従事者（原則150日以上従事）である株主が取締役の過半を占めていること。
⑤農作業従事者要件	・1年間に規定日数（原則60日）以上農作業に従事すると認められる役員又は重要な使用人が一人以上いること。

従前の農業生産法人制度では、60日以上農作業従事者要件を充足するための農作業従事者は、役員に限定されていた。

農地所有適格法人に制度改正されるに際して、農作業従事者は取締役に限定されず、重要な使用人でも足りるようになった。また、従来は60日以上の農作業従事者が取締役の過半である必要があったが、一人以上で許容されるようになり、要件は緩和の方向に向かっている。

農業の常時従事者と農作業従事者は別の概念である。法人の農作業に従事する者は農作業従事者でもあり、農業の常時従事者でもある。農業の常時従事者は、農作業以外に存在する法人業務、例えば経理事務等に常時従事している者も含んでいる。

◇コンプライアンス（法令を遵守するための注意点）

農地所有適格法人であって、農地を所有し、又はその法人以外の者が所有する農地をその法人の耕作若しくは養畜の事業に供しているものは、農林水産省令で定めるところにより、毎年、事業の状況その他農林水産省令で定める事項を農業委員会に報告しなければならない（農地法6条1項）。

農地所有適格法人が農地所有適格法人でなくなった場合において、その法人が所有する農地があるときは、国がこれを買収することになっている（農地法7条1項本文）。このため、農地所有適格法人要件を満たさないという事態に陥らないよう、継続的に要件該当性をチェックしていくことが不可欠である。

農地所有適格法人を運営するうえでは、農地法の専門家を監査役に配置するといったガバナンス設計も検討することが望ましい。株式譲渡制限会社であるから、新株式の発行には株主総会の決議を要し（会社法199条2項）、監査役は取締役が株主総会に提出する議案等を調査する義務を負うことから（会社法384条）、構成員要件や役員要件を満たさなくなってしまう事態や、法規制に違反してしまう事態を防ぐことが期待できる。

(4) 農地を借りるために

◇使用貸借と賃貸借

農地を借りることで農地に関する権利を取得しようとする場合、使用貸借又は賃貸借によって権利を取得することになる。

賃貸借とは、貸主が借主に対して物の使用収益を約束し、借主が貸主に対して賃料を支払うことを約束する契約である。これに対し、貸主が借主に対して物の使用収益を認めるが、借主が貸主に対して賃料を支払わない契約は使用貸借と呼ばれる。すなわち、ただで物を貸す契約は使用貸借であり、賃料の授受が発生する契約が賃貸借である。

ただし、金銭の授受が発生する場合であっても、固定資産税相当額程度であれば使用貸借契約として認められる場合もある。

使用貸借契約と賃貸借契約は、どちらも農地を借りる契約ではあるが、借主が死亡した場合に、使用貸借契約では契約が終了する（民法599条）のに対し、賃貸借契約では賃借権が相続の対象となるといった相違がある。また、貸主の厚意によって借主へ使用収益を認める使用貸借契約に対し、賃貸借契約の借主は賃料を負担しリスクを負っていることを背景として、賃借人の地位は使用貸借契約による借主よりも手厚く保護されている。

農地を借りる場合も、農地の所有権を取得する場合と同様に、原則として農地法3条1項に基づく農業委員会の許可を受けることが必要である。

◇農地法における賃借人保護

農地法では、民法の賃貸借契約に関する規定よりもさらに借主を保護する規定を設け、借主の地位を保護している。

まず、賃貸借の存続期間は民法上20年までとされているところを、農地法は賃貸借の存続期間を50年まで延長し（民法604条、農地法19条）、農地の賃貸借期間が長期となることを法律上も許容している。

また、賃貸借契約の解除、解約、更新拒絶の申入れ等をする場合に、原則として都道府県知事の許可を要求し、農地法は農地の賃貸借の解約等を制限している（農地法18条1項）。

農地法18条1項による農地の賃貸借の解約等制限は厳格であり、都道府県知事は次のいずれかの場合でなければ許可をすることができない（農地法18条2項）。

①賃借人が信義に反した場合
②その農地を農地以外のものにすることを相当とする場合
③賃借人の経営・賃貸人の経営能力を考慮し、賃貸人が当該農地を農業に使用することが相当な場合
④賃借人が農地中間管理権に関する協議の勧告を受けた場合
⑤ 賃借人である農業生産法人が農業生産法人でなくなった場合、並びに賃借人である農業生産法人の構成員となっている賃貸人がその法人の構成員でなくなり、その賃貸人等が許可を受けた後に農地の全てを効率的に利用して耕作できると認められ、かつ、その事業に必要な農作業に常時従事すると認められ

る場合

⑥その他正当の事由がある場合

ただし、例外的に解約等に都道府県知事の許可が不要な場合も法定されている（農地法18条1項但し書き）。例えば、①合意解約が契約終了前6月以内に成立し、その旨が書面において明らかであるものに基づいて行なわれる場合、②民事調停法による農事調停によって行なわれる場合、③賃貸借の更新をしない旨の通知が10年以上の期間の定めがある賃貸借につき解約が行なわれる場合等は、都道府県知事の許可は不要である。

このように賃貸借の解約等を許可することができる場合は限定されており、農地を一度貸すと返ってこないという事態になりかねないことが、農地の貸借がすすまないといわれてきた一因である。

(5) 農地所有適格法人以外の法人による農業参入

農地法3条2項の不許可事由に該当していても、使用貸借又は賃貸借による権利設定に関する許可申請の場合に、3項の要件を充足すると農業委員会は農地法3条1項の許可をすることができる。

農地所有適格法人以外の法人が農地の使用収益権を取得しようとする場合は不許可事由となっており（農地法3条2項2号）、農地所有適格法人以外の法人は原則として農地の使用収益権を取得できない。

しかしながら、農地所有適格法人にならなければ企業は農業参入できないというわけではない。農地所有適格法人ではない法人も農地法3条3項の要件を充足することで、使用貸借権又は賃貸借権の設定を受けることができる。もっとも、農地の所有権を取得できる法人は農地所有適格法人だけであり、農地所有適格法人でない法人は使用貸借又は賃貸借に基づく権利設定を受けることができるにすぎない。

農地所有適格法人でない法人が使用貸借又は賃貸借による権利設定を受けるにあたっては、次の要件を充足する必要がある（農地法3条3項）。なお、農地法の文言上「許可をすることができる」とされ、許可しなければならないとなっておらず、裁量が認められると解されている点に留意が必要である。

①農地を適正に利用していない場合に貸借を解除する旨の条件が、書面による契約に付されていること。

②地域農業者との適切な役割分担の下に、継続的かつ安定的に農業経営を行なうと認められること。

③業務を執行する役員又は農林水産省令で定める重要な使用人のうち一人以上が、農作業に常時従事すると認められること。

平成28年4月1日施行改正農地法以前は、③の要件について、重要な使用人が農作業に常時従事する場合であっても、役員の過半の農作業常時従事を要求していた。この改正もそうであるが、近年は農地の貸借を緩和する方向の改正が続いている。

(6) 農地法3条関係のまとめ

農地法3条、4条、5条関係を簡潔にまとめると、次のようになる。

所有権を取得する場合であっても、使用貸借や賃貸借といった使用収益権の設定を受ける場合であっても、農地に関する権利が動くにあたっては、当事者が申請し、農業委員会の許可を受けなければならない（農地法3条1項）。

この許可を受けるためには、①全部効率利用要件、②農作業常時従事要件、③下限面積要件、④地域との調和要件、法人の場合は⑤農地所有適格法人要件、⑥その他の要件を満たす必要がある（農地法3条2項）。

仮に農地法3条2項の規定からすると農業委員会の許可を受けることができない場合であっても、前記⑤の要件については、⑥農地を適正に利用していない場合に貸借を解除する旨の条件が書面による契約に付され、⑦地域農業者との適切な役割分担の下に継続的かつ安定的に農業経営を行なうと認められ、⑧役員又は重要な使用人の一人以上が農作業に常時従事すると認められれば、農地法3条1項の許可を受けることができる(農地法3条3項)。農地法3条3項の規定により、農地所有適格法人でない法人であっても、農地を借りて農業に参入することが可能となる。

(7) 農地の転用の制限

◇権利移動を伴わない場合

農地を農地以外のものにすることを農地転用という。農地を農地以外のものにする者は、原則として都道府県知事の許可を受けなければならない（農地法4条1項）とされ、農地転用許可制度によって農地転用は制限されている。

転用制限の違反者に対して、農林水産大臣又は都道府県知事は、違反を是正するために必要な原状回復措置命令をすることができる（農地法51条）。また、農林水産大臣又は都道府県知事による原状回復措置命令に違反した者に対しては、3年以下の懲役又は300万円以下の罰金に処す罰則も規定されている。

日本は島国で国土が広いとはいえないものの人口は多いため、土地の利活用に関する調整が必要という考え方が背景にある。そのため、農地転用許可制度は、食料供給の基盤である優良農地の確保という要請と住宅地や工場用地等非農業的土地利用という要請との調整を図り、かつ計画的な土地利用を確保するという観点から、開発要請を農業上の利用に支障の少ない農地に誘導するとともに、具体的な土地利用計画を伴わない資産保有目的又は投機目的での農地取得は認めないこととしている。

すなわち、農地が限られた貴重な資源であることに鑑みて、これを保護するため、いたずらに農地に建物を建てたり、非農地化したりする行為を制限しているのである。そのため、土地収用といった例外を除いて、農用地区域内農地では転用許可はできないといったように、転用は厳しく制限されているのが実態である（農地法3条2項）。

もっとも、農地法は農地の農業上の利用を確保し農地を効率的に利用することも目的としており、自己が所有する農地に農業用施設を作るといった農業経営上の必要性が高く、農地としての機能を阻害せず許容できる程度の場合には、転用許可を不要とするといったように例外規定も設けている（農地法4条1項8号、農地法施行規則32条1号等）。

◇権利移動を伴う場合

権利移動を伴わない農地転用をしようとする場合には、原則として農地法4条に基づく農業委員会の許可を受けることが必要である。これに対し、農地所有者が農地を転用するため第三者へ賃借権設定や所有権移転等をする場合には、農地法5条に基づいて都道府県知事の許可（対象地が4haを超える場合には農林水産大臣の許可）を受けなければならない。

◇市街化区域における農地転用

市街化区域は、すでに市街地を形成している区域及びおおむね10年以内に優先的かつ計画的に市街化を図るべき区域である。

そのため、市街化区域内の農地は、農地法上も宅地化されることが前提となっており、あらかじめ農業委員会に届け出ていれば、転用につき農業委員会の許可を受けなくとも転用することができる（農地法4条1項7号）。農地の権利移動を伴う場合も同様である（農地法5条1項6号）。市街化区域内農地の転用が認められるのは農地全体の取扱いの中では例外であり、市街化区域内農地以外での転用は原則的に認められないと考えておくべきである。

なお、市街化区域内の農地であっても、生産緑地法に基づく生産緑地指定を受けている場合には、生産緑地行為制限の解除を行なったうえでなければ転用はできない。

また、相続税等納税猶予制度の適用を受けている場合には、農地を転用して農業経営を廃止したり、生産緑地法に基づいて買取りの申出をしたりすると、農地等納税猶予税額を納付しなければならないことに留意が必要である。

◇仮登記

市街化調整区域の農地については、市街化区域の線引き見直しを期待して宅地に転用することにつき都道府県知事の許可があること等を条件とした条件付売買契約が締結されることがある。この場合、転用許可があるまでは、買主は代金を支払っていたとしても農地の所有権を得ることはできず、土地所有権移転登記を受けることができない。そこで、買主は所有権移転仮登記という仮登記手続で自己の権利を保全することがある。

仮登記は、将来、所有権を取得することができた場合の権利を保全する効果はあるが、所有権移転の本登記とは異なって、所有権移転の対抗力は備えていない。仮登記を得た買主は、売主に対して農地法上の手続に協力を請求する権利と、転用許可があった場合に所有権を取得する権利を有するが、契約条件が成就するまでは、所有権自体は売主から移転することはないのである。

市街化調整区域の線引き見直しにより市街化区域となることを期待して、このような条件付売買契約が締結されることはあるが、条件成就前に所有権は移転しないのであるから、売主は引き続き農地を管理する責任を負っているということを認識することが必要である。

(8) 農地台帳の公表

農地台帳は、次の事項を記載して農業委員会が作成した台帳である。

①農地の所有者の氏名又は名称及び住所
②農地の所在、地番、地目及び面積
③農地に使用収益権が設定されている場合、権利の種類及び存続期間並びに権利者情報等
④その他農林水産省令で定める事項

これまで農地台帳は、自らの世帯に関わる台帳の閲覧といった限定的な開示にとどまっていた。農地の有効利用を促進する農地法改正で、農業委員会は、農地に関する情報の活用の促進に資するよう、農地台帳及び農地に関する地図を作成し、これらをインターネッ

図 4-1　全国農業会議所が運営する全国農地ナビ

ト等で公表することが義務付けられた（農地法52条の3第2項）。そのため、平成27年4月1日から農地台帳がインターネットで公開され、誰でも閲覧できるようになっている。

もっとも、市街化区域内にある農地については、公表することが適当でない事項とされており、公表の対象外となっている(農地法施行規則104条1項1号)。

インターネット上での農地台帳の公表は、全国農業会議所が運営する全国農地ナビ（農地情報公開システム http://www.alis-ac.jp/）（図4－1）で行なわれている。

インターネット上で閲覧できる情報は、農地の所在や地目、面積等の基本情報であり、所有者や耕作者等の個人情報は公表されていない。所有者情報等は農地を特定して農業委員会窓口で閲覧申請をすることで閲覧することができる。

2　農業経営基盤強化促進法

(1) 農業経営基盤強化促進法の概要

農業経営基盤強化促進法は、効率的かつ安定的な農業経営を育成し、農業経営が農業生産の相当部分を担うような農業構造を確立するため、①認定農業者制度、認定農業者への農地利用集積を円滑に行なうための②農地利用集積円滑化事業、農地所有者が安心して農地を貸すことができるようにするための③利用権設定等促進事業を整備している。

(2) 認定農業者制度

認定農業者制度は、都道府県知事が定めた農業経営基盤強化基本方針を尊重して市町村で定めた基本構想に示された農業経営の目標に向けて、農業者が自らの創意工夫に基づき経営の改善を進めようとする計画を市町村が認定し、これらの認定を受けた農業者に対して重点的に支援措置を講じようとするものである。

平成26年3月末時点では、全国で23万１１０１事業者（うち１万７８４０が法人）が認定農業者となっている。東京都でも１５３７の事業者が認定農業者となっている。

市町村に認定を受けるためには、次の要件を満たした農業経営改善計画書を提出する必要がある。

①計画が市町村基本構想に照らして適切なものであること。

②計画が農地の効率的かつ総合的な利用を図るために適切なものであること。

③計画が達成される見込みが確実であること。

認定農業者になることで、日本政策金融公庫から経営改善のための長期低利融資を受けることができたり、農業者年金の国庫補助を受けることができたり、その他農業の担い手を支援するための基盤整備事業等の支援を受けることができたりするメリットがある。

(3) 農地利用集積円滑化事業

農地利用集積円滑化事業は、農地等の所有者から委任を受けてその者を代理し農地等について売渡しや貸付け等を行なう①農地所有者代理事業、農地等の所有者から農地等の買入れや借入れを行ないその農地等の売渡しや貸付けを行なう②農地売買等事業、新規就農希望者に対する③研修等事業の3事業から構成される(法4条3項)。

農地所有者代理事業や農地売買等事業は、農地利用集積円滑化団体が農地所有者と農地を増やす意欲ある農業者との間に入って調整することで、次のようなメリットがある。

まず、農地を増やす意欲ある農業者にとっては、多くの農地所有者と個別に交渉をすることなく、交渉・協議の窓口を農地集積円滑化団体に一本化することができる。また、農地利用集積円滑化団体という公的機関が調整することで、権利移動の調整がスムーズにいくことも期待できる。

農地所有者にとっても、農地を買いたい・借りたい農業者を探す役割を農地利用集積円滑化団体が担ってくれるうえ、相手方との交渉・調整を委任できるメリットがある(図4－2)。

なお、農地利用集積円滑化団体が実施する農地売買等事業により使用収益権を取得する場合には、農地法3条に基づく農業委員会の許可は不要であり、農業委員会への届出となる(農地法3条1項13号)。

(4) 利用権設定等促進事業

基本構想について都道府県知事の同意を得た市町村(同意市町村)は、認定農業者及び認定就農者から利用権の設定を受けたい旨の申出があった場合、又は農地所有者から利用権設定についてあっせんを受けたい旨の申出があった場合には、認定農業者等に利用権の設定が行なわれるよう農地利用関係の調整に努める義務がある(法15条1項)。

この農地利用関係の調整の結果、利用権設定等促進事業の実施が必要であると認める場合、農業委員会は

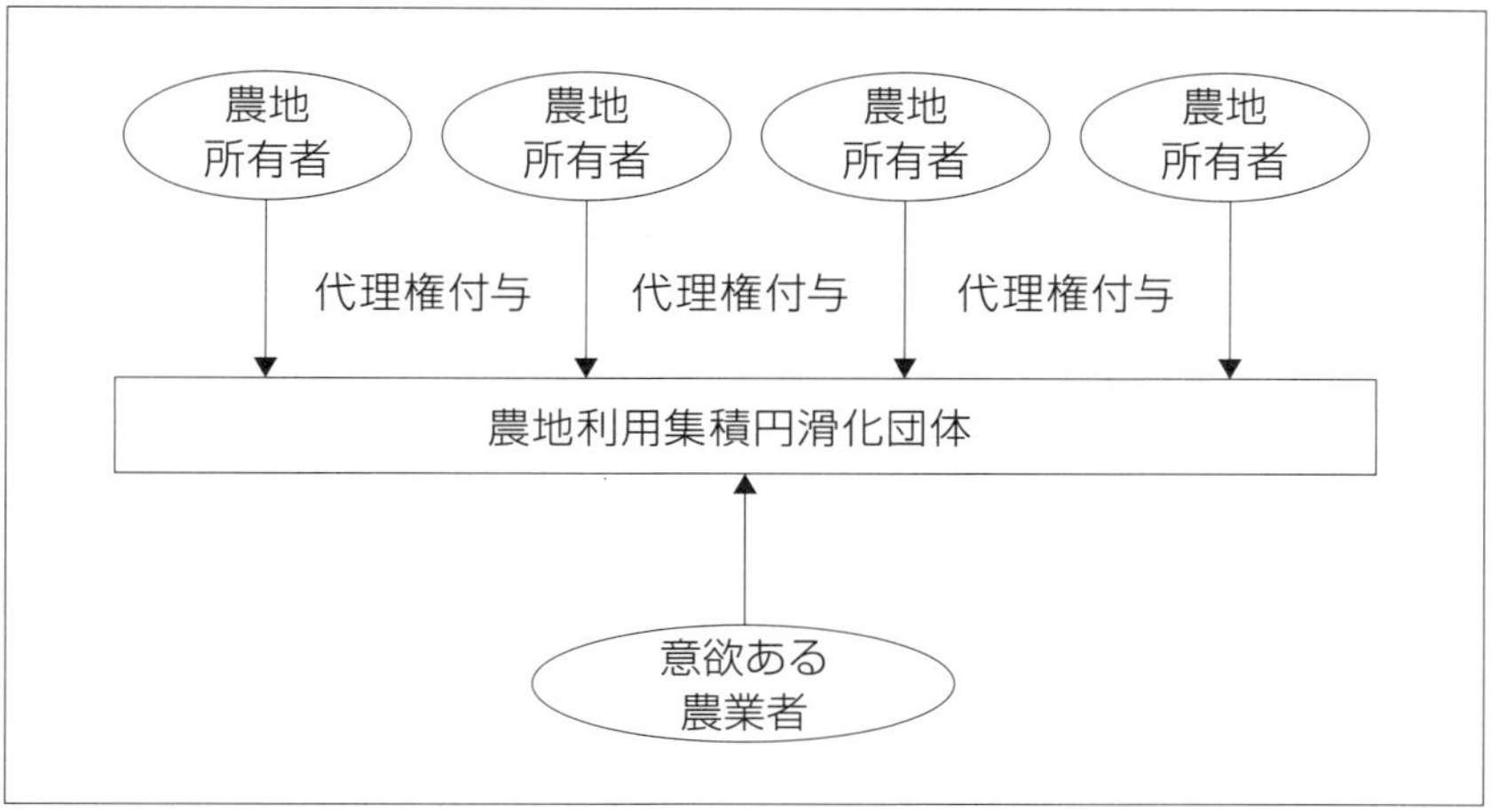

図 4-2　農地利用代理者事業のイメージ

農地利用集積計画を定めるべきことを同意市町村長に対し要請することになる（法15条4項）。なお、市街化区域において利用権設定等促進事業は行なわれない（法17条2項）。

同意市町村は、農業委員会の決定を経たうえで農地利用集積計画を定める（法18条1項）。農地利用集積計画を定めた場合、同意市町村は遅滞なくその旨を公告し、公告があった農地利用集積計画の定める利用権の設定や権利移転が効力を生ずる（法19条、20条）。

農地利用集積計画の公告による利用権設定等は、農地の利用権を農地所有者と借主が個別に契約を締結することで設定するのではなく、市町村が農地の利用権設定等を農地利用集積計画にまとめ公告することで、農地所有者の合意なくして法的効果を発生させる処分性を有する点に特徴がある。

利用権設定等促進事業により設定された賃貸借権は、農地法の賃貸借更新規定の適用から除外されており、定められた期間が終了すれば特別な手続を経ることなく消滅することになる（農地法17条但し書き）。

3　農地中間管理事業推進法

(1) 農地中間管理機構のねらい

農業従事者や農地に関する諸問題の検討過程において、信頼できる農地の中間的受け皿があると問題解決に資する、との意見をうけて、農地中間管理機構（農地集積バンク）を整備している。

農地中間管理事業推進法は、農地中間管理事業を推進し、農業経営の規模拡大、耕作に供される農地の集団化、農業への新規参入の促進等による農用地の利用の効率化及び高度化の促進を図り、もって農業の生産性の向上に資することを目的としている。

(2) 農地中間管理機構による農地借入の特徴

従来の農地保有合理化法人が売買を中心としていたのと異なって、農地中間管理機構の場合、農地中間管理機構が農地を借り入れ、新しい担い手に対して農地中間管理機構が転貸するというリース形態を中心としている点に特徴がある。

農地中間管理機構から転貸という形式で農地の借入れを行なうため、農地所有者と個別に賃貸借契約交渉をする必要はなく、円滑な借入れが期待できる。

また、農地中間管理機構は、借り入れた農地を集積・集約化したうえで転貸することで、効率的な農業経営ができるように努め、農地の新しい担い手が、まとまった一団の農地を利用できるよう支援している。

4 生産緑地法

(1) 生産緑地法の概要

生産緑地法は、農地の緑地機能を活用し良好な都市環境を確保するため、都市部に残る農地の計画的な保全を図る生産緑地制度を定めている。

市街化区域内の農地は、宅地化するものと保全するものとに区分されており、保全すべき農地は、生産緑地地区指定をして生産緑地地区指定のない場合よりも、税制上の優遇をしている。

例えば、固定資産税について、市街化区域内の農地は宅地並の評価や課税の取扱いを受けるものの、生産緑地指定を受けることで農地並評価・農地課税をされ、固定資産税の負担を大幅に軽減することができる。

また、相続税等納税猶予制度について、三大都市圏の特定市の市街化区域内農地は、宅地化農地では納税猶予特例の適用を受けることができないものの、生産緑地指定を受けていれば納税猶予特例の適用を受けることができる点でも、税制上の取扱いが異なっている。

(2) 生産緑地地区に指定される要件

生産緑地とは、生産緑地地区内の土地又は山林のことであり（生産緑地法2条3号）、生産緑地となるためには、都市計画で生産緑地地区指定されることが必要となる。

生産緑地地区に指定されるためには、市街化区域内にあって現に農業に供用されている農地等であって、以下の要件を満たすことが必要である（生産緑地法3条1項）。

①生活環境保全機能及び公共施設用地として適していること。

②面積が一団で500㎡以上であること。

③用排水等を勘案して農業の継続が可能な条件を備えていると認められるものであること。

以下、①②について補足する。

◇生活環境保全機能と公共施設用地適地要件

市街化区域内農地が生産緑地地区指定を受けるためには、生活環境保全機能と公共施設用地適地要件の両方を満たす必要がある。

生活環境保全機能とは、農業が営まれることによる緑化によって、公害や災害を防止したり都市環境を良化したりする機能であり、都市の農地には生活環境保全機能が期待されている。

公共施設敷地用地として適しているとは、公共施設等の敷地とすることができる土地を広く意味しており、具体的に公共施設予定地となっている必要はなく、将来、公園緑地等の公共施設への活用が可能であれば、公共施設敷地用地として適しているといえる。著しい不整形地等は公共施設敷地用地には適しないものと解される。

◇面積要件

市街化区域内の保全する農地を生産緑地地区として指定することから、保全するに適さない狭小農地は生産緑地地区指定を受けることができない。

面積が一団で５００㎡以上の農地であることが必要であるが、一団の農地とは物理的に一体な農地のことを意味する。不動産登記上は複数の農地であっても、物理的に隣接して一体性をもつ農地であれば、一団の農地として評価することができる。

また、生産緑地地区は農地所有者ではなく農地を保全することに主眼があることから、特定の農地所有者が所有する農地だけではなく、複数人が所有する複数の農地を一団の農地として評価することも認められる。

(3) 生産緑地地区に指定された場合の取扱い

農地の持つ生活環境保全機能は、生産緑地が農地として管理されていることによって維持される。そのため、生産緑地について使用収益権を持つ者は、当該生産緑地を農地等として管理しなければならない（生産緑地法7条1項）。

生産緑地管理の適正化を図り、生産緑地の都市農地としての機能を阻害することを防止するため、生産緑地地区内では、市町村長の許可を受けなければ次の行為をすることができない（生産緑地法8条1項）。

・建築物・工作物の新築・改築・増築
・宅地の造成、土石の採取、その他の土地の形質の変更
・水面の埋立て又は干拓

市町村長が許可することができるのは、営農上必要な次のような施設の設置・管理で生活環境の悪化をもたらすおそれがないと認めるものに限られている。

・農産物等の生産又は集荷用施設
・生産資材の貯蔵又は保管用施設
・農産物等の処理又は貯蔵に必要な共同利用施設
・農業従事者の休憩施設
・政令で定める施設

(4) 生産緑地買取制度

生産緑地は、生産緑地地区指定を受けた後30年を経過したとき、又は農業の主たる事業者が死亡若しくは農業に従事することが不可能になったときに、市町村長に当該生産緑地を時価で買い取るよう申し出ることができる。

買取りの申出をすると、市町村長は1か月以内に買い取るか買い取らないか書面で通知する。

買い取らない旨の通知をした場合には、農業従事希望者へのあっせんを行なう。

あっせん不調で買取り申出から3か月以内に当該生産緑地の所有権を移転することができなかった場合には、生産緑地地区内における行為制限が解除される。

(5) 生産緑地法の沿革とこれからの生産緑地

昭和49年に現行生産緑地法の基礎となる最初の生産緑地法が誕生した。

その後、平成3年の税制改正に伴う生産緑地制度の見直しに伴って、生産緑地地区指定の対象や買取申出制度にも大きな改正が加えられた。

この平成3年の生産緑地法改正（平成4年施行）以前の旧第一種生産緑地（現存）では、生産緑地地区指定から10年経過時に買取申出をすることができ、旧第二種生産緑地では、生産緑地地区指定から5年経過時に買取申出をすることができる。

一方、平成4年1月1日以降に指定された生産緑地については、前述の通り生産者等の死亡を除けば、生産緑地地区指定から30年の経過がなければ買取申出をすることができない。

平成4年に生産緑地指定があってから30年が経過する平成34年以降、買取申出が続いた場合に生産緑地指定が解除されて宅地へ転用がすすみ、市街化区域内農地が減ってしまうことが懸念されている。

(6) 相続税等納税猶予制度との関係

生産緑地指定を受けた市街化区域内の農地は、地価が高い。そのため、相続等が発生した場合には多額の相続税納税義務が生じ、農地を農地として維持するために相続税等納税猶予制度を活用して相続税の納税を猶予しているケースが多い。

相続税等納税猶予制度を活用して相続税納税を猶予する場合、農業相続人は死亡するまで当該農地を営農することが前提となっている。このことが、意欲のある者に活用を委ね農地を維持するといった方法の妨げになっている面は否定できない。本書執筆時の平成28年度の与党税制改正大綱では、都市農業振興基本計画に基づき生産緑地が貸借された場合の相続税等納税猶予制度の適用など、必要な税制上の措置を検討する方針となっている。今後、都市の農地を残し活用するための改正等が見込まれる。

5 市民農園に関する諸制度

(1) 市民農園とは

都市住民が余暇活動として行なう作物栽培のための農園は、市民農園と呼ばれている。

このような市民農園は、その多くが農地を活用して開設されたものだが、ビルの屋上や宅地といった農地以外の場所で提供される農園サービスも存在する。

市民農園整備促進法では、同法上の「市民農園」の定義を、特定農地貸付け又は農園利用方式の用に供される農地と、農地に附帯して設置される農機具収納施設、休憩施設、その他の当該農地の保全又は利用上必要な施設の総体としている。市民農園整備促進法上の定義によると、非農地で提供される農園サービスは、市民農園ではないことになる。

農地で市民農園を開設する場合、農地法等の法規制を遵守しなければならないが、非農地で農園サービスを実施する場合、農地法等の規制が及ばない。非農地で提供される農園サービスは、農地法等の規制を受けずに柔軟な運営を可能とする点に強みがある。

(2) 法制度による分類

農地での市民農園の開設方法は、左表のように、①市民農園整備促進法方式、②特定農地貸付法方式、③農園利用方式の3つに大別できる。

	用地の地目	分類名
市民農園	農地	市民農園整備促進法 ・特定農地貸付法方式 ・農園利用方式
		特定農地貸付法方式
		農園利用方式
(農園サービス)	非農地	非農地活用方式

◇特定農地貸付法方式

特定農地貸付法方式とは、特定農地貸付法の仕組みを活用して市民農園を開設する方法である。特定農地貸付法に基づく市民農園の開設主体が、一般利用者に使用収益権を設定する場合には、農地法3条1項の許可が不要とされる等の農地法の特例があり、これを活用して市民農園を開設するものである。

特定農地貸付けとは、農地の貸付けで次の要件に該当するものである。

①10ａ未満の農地に係る農地の貸付けで、相当数の者を対象として、定型的な条件で行なわれるものであること。
②営利を目的としない農作物の栽培の用に供するための農地の貸付けであること。
③5年を越えない農地の貸付けであること。

◇農園利用方式

「農園利用方式」とは、相当数の方々を対象として、定型的な条件でレクリエーションその他の営利以外の目的で継続して行なわれる農作業の用に供するものであって、賃借権その他の使用及び収益を目的とする権利の設定又は移転を伴わないものである。

農地法は、農地を農地以外のものにすることを規制するとともに、基本的に農地の権利移動を制限している。農園利用方式は、賃借権その他の使用収益権の設定等を伴わないことから、農地法による権利移動等の手続をとらずに開設することが可能である。

◇市民農園整備促進法方式

市民農園整備促進法に基づいて市民農園を開設する場合、特定農地貸付法方式に準じて開設する方法と、農園利用方式に準じて開設する方法がある。

市民農園整備促進法では、特定農地貸付けされた農地又は農園利用方式で農作業の用に供される農地と市民農園施設の総体として市民農園を捉えている。そのため、市民農園整備促進法に基づいて市民農園を開設する場合には、農機具収納施設、休憩施設等の農地に附帯した市民農園施設の整備が前提となる。

市民農園整備促進法に基づいて権利設定が行なわれる場合は、農地法３条１項に基づく農業委員会の許可は不要である（農地法３条１項６号）。また、農地の権利を取得した者は原則として農業委員会に届出をすることを要するが、市民農園整備促進法に基づいて特定農地貸付法上の承認を受けたものとみなされて権利を取得した場合には、届出も不要となる（農地法３条の３、農地法施行規則20条３号）。

(3) 開設主体による分類

市民農園の開設主体は、以下の４つに分類できる。

①地方公共団体
②農業協同組合
③農地権利者（農地を所有する農家等）
④農地を所有しない者（民間企業、ＮＰＯ等）

農園利用方式は、農地権利者自身が開設することになる。

特定農地貸付法方式の場合には、開設主体ごとに開設手続が異なっている。以降は、特定農地貸付法方式の場合の開設手続の概要を説明する。

(4) 特定農地貸付法の概要

◇特定農地貸付法制定の沿革

農地法は、農地が貴重な資源であることに鑑み、農地を農地以外のものにすることを規制するとともに、農地の権利移動を制限している。そのため、都市の住民が趣味で農業を始めようと小規模の農地を確保したいと考えたとしても、農地法の規制によって、農地を買ったり借りたりすることは自由にはできない。

日常的に農業に触れることができる都市部の住民は僅かである。農業にふれる機会が減ってしまった都市部の住民の価値観は多様化しており、楽しみや生きがいの一つとして野菜等を栽培し、自然に触れ合いたいという住民も多く存在し、市民農園の需要が高まっている。

このような農業ニーズの高まりに対応して、特定農地貸付法は平成元年9月に施行された。当初は、地方公共団体又は農業協同組合が開設する場合に限定していたが、農地の遊休化が社会問題となった地域の遊休農地活用の一つの施策として特定農地貸付法は改正され、現行法では、農業者や民間企業、NPO等でも市民農園の開設が可能となっている。

◇開設主体別の特定農地貸付法の仕組み

特定農地貸付法によって市民農園を開設する場合、手続は3つに大別できる（図4-3）。

①地方公共団体及び農業協同組合の場合

特定農地貸付けを行なおうとする者は、申請書に貸付規程を添付して農業委員会（農業委員会を置かない市町村にあっては市町村長）へ申請を行ない、農業委員会の承認を受けることが必要である（特定農地貸付法3条）。

そのため、開設主体にかかわらず申請に先立って貸付規程を作成することになる。

地方公共団体や農業協同組合が開設主体となる場合、農業委員会等から承認を得られた後、農地権利者から使用収益権の設定を受け、開設主体たる地方公共団体や農業協同組合が利用者に対して特定農地貸付けを行なう。

②農地権利者（農家等）の場合

地方公共団体及び農業協同組合以外の農地所有者が開設主体になって特定農地貸付けを行なう場合には、特定農地貸付けを行なう農地について市町村と貸付協定を締結していることを要する（特定農地貸付法2条5号イ）。

貸付協定締結後、農地権利者は、申請書に貸付規程を添付して農業委員会（農業委員会を置かない市町村にあっては市町村長）へ申請を行ない、農業委員会の承認を受ける（特定農地貸付法3条）。その後、農地権利者が農地利用者に対して特定農地貸付けを行なう。

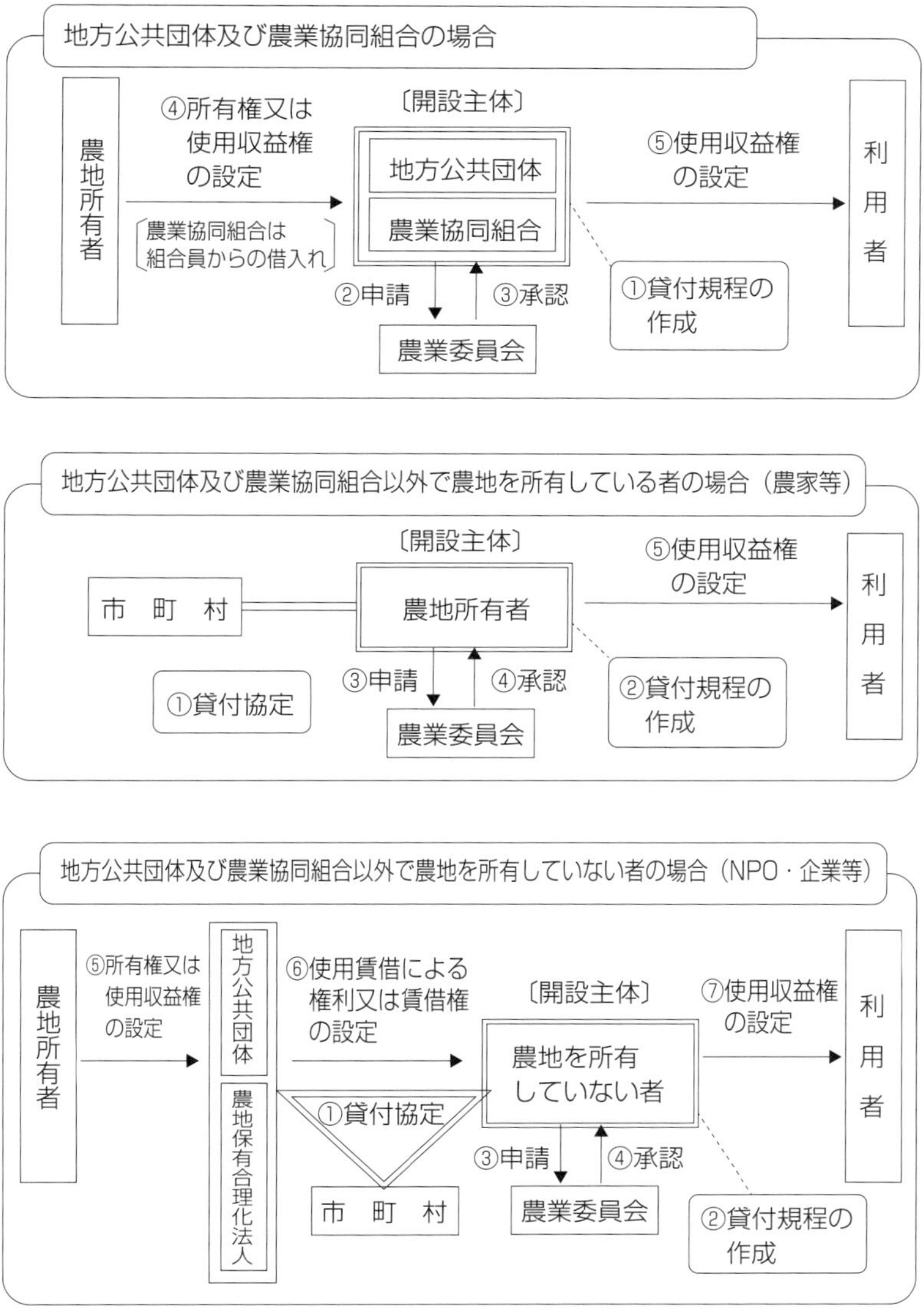

図 4-3　特定農地貸付法の仕組み（参考：農林水産省資料）

③ 民間企業・NPO等の場合

農地を所有していない民間企業やNPO等も特定農地貸付けにより市民農園の開設主体となることが可能である（この開設方法は第三者開設と呼ばれることがある）。この場合、特定貸付けの対象農地の所在する市町村及び地方公共団体と貸付協定を締結し、地方公共団体等から使用貸借又は賃貸借により権利設定を受けて、農地利用者に特定農地貸付けを行なうことになる（特定農地貸付法2条5号ロ）。

貸付協定締結後、開設主体が、申請書に貸付規程を添付して農業委員会（農業委員会を置かない市町村にあっては市町村長）へ申請を行ない、農業委員会の承認を受ける点は他の開設主体の場合と同様である（特定農地貸付法3条）。

コラム③

都市のレジリエンスと「農」

本書が主な対象としている市街地と混在する農地は、従来、宅地の供給を妨げるなどの観点から、都市機能の効率性を著しく損なうものとみなされ、否定的に捉えられることが多かった。しかしながら、このような農地は、近年、持続可能な都市の形成に不可欠な空間との見方が多数を占めるようになっている。

そうした見方の転換に大きな影響を与えたものの一つに、2011年3月11日に発生した東日本大震災があげられる。1万5000以上の尊い命が犠牲となった同震災は、改めて自然災害が都市の持続可能性を脅かす最大かつ深刻な問題であることを実感させた。東日本大震災と同規模の地震は、そう遅くない時期に発生するといった予測も出されている。

災害リスクが高い日本の都市をデザインするキーワードとして、最近、「レジリエンス（復元力）」という言葉をよくみかけるようになった。これに関連して米国の景観生態学者であるジャック・アハーンは、従来の都市デザインのコンセプトである"fail safe"すなわち「不慮の事態が発生しても壊れない」という発想に代わり、"safe to fail"すなわち「一時的に壊れはするが，すみやかにもとに戻る」という動的平衡の発想に基づく社会システムの構築が必要と主張している（Ahern, 2011）。そして、アハーンは、レジリエンスを、safe to failというコンセプトを保障するキーワードとして位置づけるべきであると、主張している。

それでは、都市がレジリエンスを持つためには、何が必要なのか。アハーンは、次の5つの特徴を具備していることが重要だとしている。

（1）多機能性―限られた空間の中で複数の機能が果たせるような計画や設計を、関係主体や利害関係者の協働の下で実現する。

（2）リダンダンシーとモジュール化―リスクを時間的、空間的、システム的に分散させることができるよう、同じ機能を多重化するとともに、過度に一か所に集中させせない。

（3）（生物的・社会的）多様性―さまざまな環境や状況の変化に対応できるよう、生物、社会、空間、経済の多様性を確保する。

（4）マルチスケールでのネットワークと連結ー都市のシステムを、複数のスケールで他のシステムと関連づけ、ネットワークの断絶のリスクを低減させる。

（5）順応的な計画と設計ー政策やプロジェクトの実行と検証を繰り返し、過程において得た知識を反映させながら、漸進的に計画を進める。

上記の性質を具備した日本の都市デザインのヒントとなるものの一つは、かつてのわが国の郊外においてみられたローカルスケールの物質循環システムとその基盤を成す空間構成に隠されている。具体的には、農作物と農業生産に必要な資材（堆肥等）を介して、近隣の市街地と農地・樹林地などの「農」が結びついているものである（図1）。

こうした視点からは、市街地と混在する農地を、近隣の市街地に食料を供給する一方、近隣の市街地及び樹林地などからは農業生産に必要な資材（例ー生ごみなどの有機性廃棄物を用いた堆肥など）を受け入れる空間に見立てられるだろう。そうした見立てに基づ

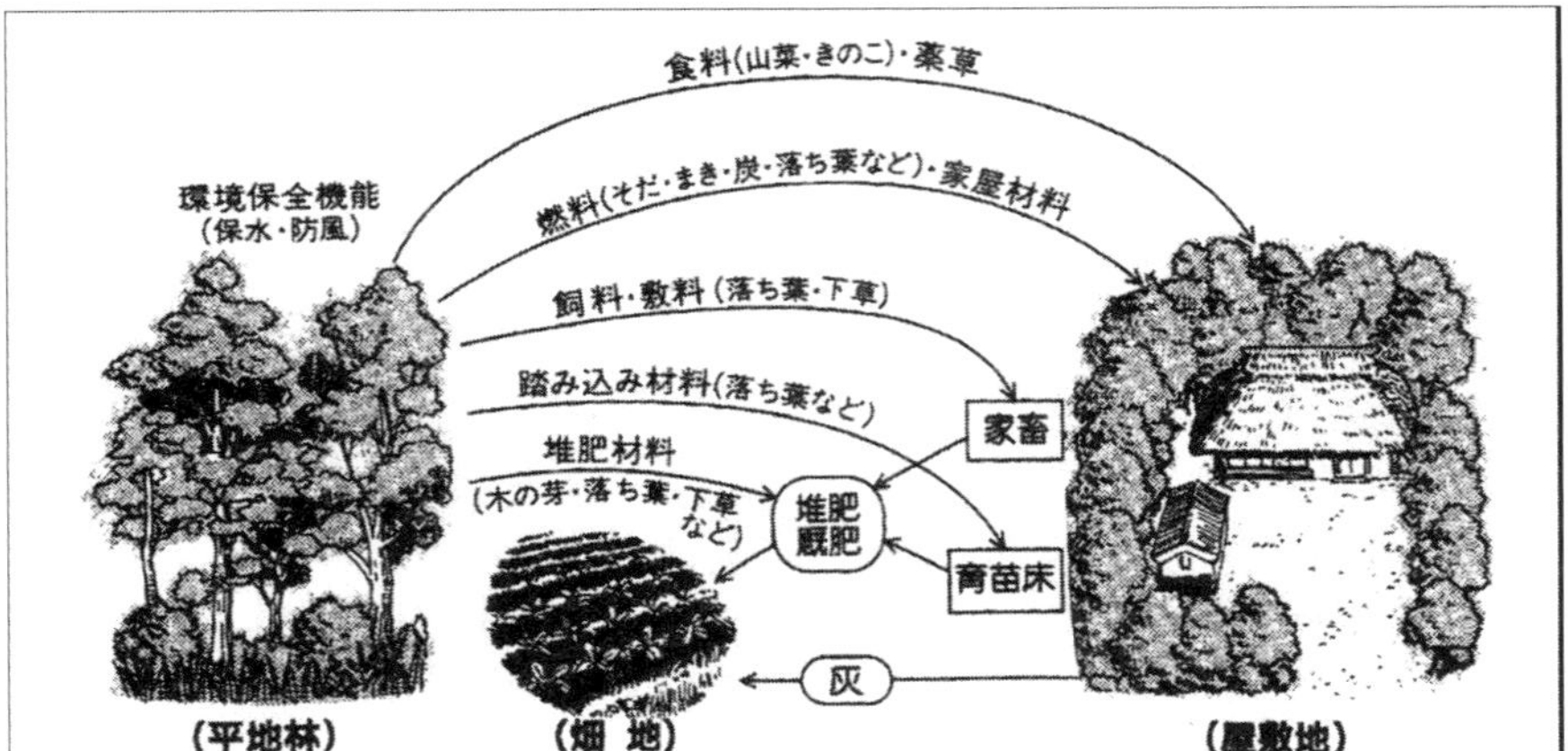

図1　首都圏郊外の畑作農村における資源利用システム（出典：犬井　1996）

いて形成された市街地と「農」のユニットは、先の5つの特徴を具備した空間と言える。すなわち、「順応的な計画と設計」により形成された市街地と「農」の混在を活かしたローカルスケールの物質循環システムは、市街地と農地の「多機能性」を活かし、小規模・分散型のユニットを形成することによって「リダンダンシーとモジュール化」が図られ、土地利用の混在を通じて「多様性」が確保されていると解釈される。

具体的に、農地から供給される農作物は、激甚災害などに伴いユニット間の連携が途絶えた際に代替食料として機能するだろう。市街地や樹林地から提供される農業用資材は、上記の事態に陥った場合でも、ユニット内での自活を可能にしてくれる。そして、非常時の農地や樹林地は、延焼防止帯や避難場所として機能することが期待される。

先のシステムが成立するためには、市街地と「農」が混在している空間がシステムの成立に必要な資質を満たし、さらには空間の周辺にシステムの運営に協力してくれる農家や都市住民が存在することが欠かせない。筆者らが行なった一連の研究（(横張・渡辺編、2012)、(渡辺・横張、2014)）によれば、市街地と混在する農地は「地産地消」を行なうために必要な資質と言える多くの品目の農作物生産に対して適性があること、市街地から排出される有機性廃棄物による堆肥を用いて生産される農作物（ハクサイ、ホウレンソウ、トマトなど）の量は、排出先の都市住民の年間消費量に相当する場合があることが明らかとなった。そしてそこには、有機性廃棄物による堆肥の受入れなど周辺の都市住民に積極的に関わる農家が数多く実在し、また、有機性廃棄物による堆肥を用いてグループで農作業を行なう都市住民も実在していることがわかった。これらの事実は、市街地と「農」が混在する空間におけるローカルスケールの物質循環システムが、成立に必要な空間的特徴があり、協力する可能性が高い農家や都市住民が実在することから、決して画に描いた餅ではないことを示している。

これからは、自然災害に加えて、人口減少や超高齢化、産業の衰退といった、将来展望が難しい、縮退する社会に適応する社会システムを構築する必要があるる。本論において論じた市街地と「農」の混在を活かしたレジリエントな都市は、こうした状況に適応する社会システムの一つと言えるのではなかろうか。

渡辺 貴史　長崎大学大学院水産・環境科学総合研究科

［参考文献］

犬井正 １９９６「関東平野の平地林の歴史と利用」森林科学、18：15～20．

横張真・渡辺貴史編 ２０１２『郊外の緑地環境学』朝倉書店．

渡辺貴史・横張真 ２０１３「持続可能な都市形成に対する『農』の役割」農業および園芸、88（10）９９８～１０１２．

Ahern, J. 2011. From fail-safe to safe-to-fail: Sustainability and resilience in the new urban world. *Landscape & Urban Planning*, 100: 341-343.

第五章　都市農業に関する主な税制度

1　農業に関連した税金

(1)　税金が発生する局面

都市農業に関連して主に次のような場合に税を負担することになる。

①事業としての農業
②農地の売買等
③農地の保有
④農地の相続

本書では、③④について農地特有の論点を中心として簡単に解説する。①②については、概要を以下で紹介するにとどめる。

(2)　農業を営むことで負担する税金

◇所得税（個人）

農業から生ずる所得は、事業所得（農業所得）に該当する。そのため、個人で農業を営む者は、個人事業主として所得を計算する必要がある。

そして、農業を営む事業者は、個人であれば各年分の所得金額の合計額が所得控除の合計額を超え、その超過額が配当控除額等を超える場合には確定申告をしなければならない。

◇法人税（法人）

国内に本店又は主たる事業所を有する内国法人は、その所得が国内外のいずれで発生したかを問わず、法人税の課税対象となる。

すなわち、農地所有適格法人（農業生産法人）や農業を営むその他の法人は、毎期決算を行ない、その活動から稼得した所得が法人税の課税対象となる。

◇消費税

基準期間（2期前）の課税売上高が1000万円以下の事業者は消費税の納税義務がない。基準期間の課税売上高が1000万円を超えると、1年間の課税売上に対する消費税から課税仕入に対応する消費税を控除した消費税を納税する義務を負うことになる。

(3) 農地の売買等

◇譲渡所得にかかる税

不動産を売却した場合、事業所得等と分離して、譲渡価格から取得費用等を控除して譲渡所得を計算する。取得費用が不明の場合には、譲渡価格の5％相当額を取得費用とすることができる。

なお、農地については、農業振興地域における農地保有の合理化のための農地譲渡等で譲渡所得の特別控除が認められている。

◇不動産取得税

土地を有償・無償にかかわらず取得した者は、不動産取得税を負担することになる。なお、相続によって取得した場合には課税されない。

不動産を取得して後日、都道府県税事務所から送付される納税通知書記載の納期限までに納付することとなるので留意する。

なお、農地利用集積計画により農地を取得した場合等には、課税軽減措置が講じられている。

2 農地の保有にかかる税金
——固定資産税

(1) 農地に関する固定資産税の概要

固定資産税は、毎年1月1日現在の固定資産(土地、家屋、償却資産)の所有者に対し、その固定資産の価格を基に算定される税額をその固定資産の所在する市町村(東京都23区においては東京都)が課税する税金である。

固定資産税においても、市街化区域農地か、それ以外の一般農地かによって、評価及び課税の取扱いが異なっている(表5－1)。

市街化調整区域農地を含む一般農地は、農地の売買実例価格を基に評価(農地評価)され、一般農地の負担調整措置を講じたうえで課税される(農地課税)。

市街化区域農地は、道路状況等宅地として利用する場合の利便性が類似する宅地の価額を基準とした価額から、農地を宅地に転用する場合に必要と認められる造成費相当額を控除して評価される(宅地並評価)。

そのうえで、三大都市圏の特定市の市街化区域農地(特定市街化区域農地)は、宅地の負担調整措置が適用される(宅地並課税)。それ以外の一般市街化区域農地は、一般農地の負担調整措置が適用されるため、宅地並評価を前提とするが、農地に準じた課税となる。

なお、市街化区域農地であっても、生産緑地地区の農地は、生産緑地法により転用制限がされているため、評価及び課税は一般農地と同様の取扱いとなっている。

表5-1　固定資産税の評価と課税と税額イメージ

農地分類		評価	課税	税額例
市街化区域農地	特定市街化区域農地	宅地並評価	宅地並課税	数十万円／畝
	一般市街化区域農地	宅地並評価	準農地課税	数万円／畝
	生産緑地指定農地	農地評価	農地課税	数千円／畝
その他の一般農地		農地評価	農地課税	千円／畝

(2) 都市計画税

市街化区域内の土地と建物については、市町村が都市整備の財源とするために、都市計画税を徴収することがある。

都市計画税は、税率以外の計算方法が固定資産税と基本的に同一であり、また、固定資産税と一緒に納付書が発行されるため、都市計画税を含めた納付総額を固定資産税額と誤解する例も見受けられる。

(3) 三大都市圏の特定市

三大都市圏の特定市とは、首都圏・中部圏・近畿圏にある以下の区域を含む市（東京都の特別区を含む）のことである。

① 首都圏─首都圏整備法の既成市街地及び近郊整備地帯内にあるもの

② 中部圏─中部圏開発整備法の都市整備区域内にあるもの

③ 近畿圏─近畿圏整備法の既成都市区域及び近郊整備区域内にあるもの

三大都市圏の特定市の中でも、平成3年1月1日において三大都市圏の特定市であったか否かにより、相続税等納税猶予制度では異なる取扱いを受けることになる。これは、農地の納税猶予制度における三大都市圏の特定市が平成3年1月1日現在における三大都市圏の特定市を指すからであり、固定資産税における三大都市圏の特定市と、農地の納税猶予制度における三大都市圏の特定市は、別の概念である。

平成3年1月1日現在における三大都市圏の特定市を整理すると表5－2のようになる。なお、平成3年1月1日以降に特定市に昇格した都市や合併で消滅・新設された都市もある。

表5-2　三大都市圏の特定市（平成3年1月1日現在）

首都圏	茨城県	龍ヶ崎市、水海道市、取手市、岩井市、牛久市
	埼玉県	川口市、川越市、浦和市、大宮市、行田市、所沢市、飯能市、加須市、東松山市、岩槻市、春日部市、狭山市、羽生市、鴻巣市、上尾市、与野市、草加市、越谷市、蕨市、戸田市、志木市、和光市、桶川市、新座市、朝霞市、鳩ケ谷市、入間市、久喜市、北本市、上福岡市、富士見市、八潮市、蓮田市、三郷市、坂戸市、幸手市
	東京都	特別区、武蔵野市、三鷹市、八王子市、立川市、青梅市、府中市、昭島市、調布市、町田市、小金井市、小平市、日野市、東村山市、国分寺市、国立市、福生市、多摩市、稲城市、狛江市、武蔵村山市、東大和市、清瀬市、東久留米市、保谷市、田無市、秋川市
	千葉県	千葉市、市川市、船橋市、木更津市、松戸市、野田市、成田市、佐倉市、習志野市、柏市、市原市、君津市、富津市、八千代市、浦安市、鎌ケ谷市、流山市、我孫子市、四街道市
	神奈川県	横浜市、川崎市、横須賀市、平塚市、鎌倉市、藤沢市、小田原市、茅ケ崎市、逗子市、相模原市、三浦市、秦野市、厚木市、大和市、海老名市、座間市、伊勢原市、南足柄市、綾瀬市
中部圏	愛知県	名古屋市、岡崎市、一宮市、瀬戸市、半田市、春日井市、津島市、碧南市、刈谷市、豊田市、安城市、西尾市、犬山市、常滑市、江南市、尾西市、小牧市、稲沢市、東海市、大府市、知多市、知立市、尾張旭市、高浜市、岩倉市、豊明市
	三重県	四日市市、桑名市
近畿圏	京都府	京都市、宇治市、亀岡市、向日市、長岡京市、城陽市、八幡市
	大阪府	大阪市、守口市、東大阪市、堺市、岸和田市、豊中市、池田市、吹田市、東大津市、高槻市、貝塚市、枚方市、茨木市、八尾市、泉佐野市、富田林市、寝屋川市、河内長野市、松原市、大東市、和泉市、箕面市、柏原市、羽曳野市、門真市、摂津市、泉南市、藤井寺市、交野市、四条畷市、高石市、大阪狭山市
	兵庫県	神戸市、尼崎市、西宮市、芦屋市、伊丹市、宝塚市、川西市、三田市
	奈良県	奈良市、大和高田市、大和郡山市、天理市、橿原市、桜井市、五条市、御所市、生駒市

3　相続税

(1)　相続による農地承継

相続とは、人が死亡した際に、この死亡した人の財産を一定の人に承継させる制度である。この死亡した人のことを被相続人といい、法律で定めた財産を承継する一定の人を相続人という。

相続で取得した財産を基に計算した課税価格合計額が、遺産に係る基礎控除額（３０００万円＋６００万円×法定相続人の人数）を超える場合には、相続税の申告をする必要がある。

生前から相続の準備をする者は多いとはいえないが、相続税は多額になることも少なくないため、事前にシミュレーションや納税資金の手当て等をしておくことが望ましい。都市の農地は相続が発生するたびに減少しているのが実情であるが、相続税のリスクや税負担のシミュレーションを行なうことで、農地を残せるケースもあるものと思料する。

(2)　相続税のリスクと専門性の高さ

表５－３は、相続税申告に対する税務調査の状況を整理したものである。相続税では、国税庁の相続税実地調査件数の80％以上で相続税申告漏れ等の非違が発見され、実地調査1件当たり約５４０万円の追徴がされていることがわかる。

リスクの高さと業務の専門性から、相続税業務に注力した税理士事務所も出てきており、税理士の人数に比して相続税申告件数は少ない（税理士一人当たりの相続税申告件数は1件にも満たない状況である）ことから、相続税申告に習熟していない税理士が増加していることも指摘されている。

相続のリスクの高さを認識したうえで、相続のシミュレーションを行ない、納税資金の捻出方法等を事前に検討しておくことが望ましい。

表 5-3　平成 26 事務年度における相続税の調査の状況について（平成 27 年 11 月、国税庁）

	項目		平成 25 事務年度	平成 26 事務年度	対前事務年度比
①	実地調査件数		11,909 件	12,406 件	104.2%
②	申告漏れ等の非違件数		9,809 件	10,151 件	103.5%
③	非違割合（②／①）		82.4%	81.8%	▲ 0.5 ポイント
④	重加算税賦課件数		1,061 件	1,258 件	118.6%
⑤	重加算税賦課割合（④／②）		10.8%	12.4%	1.6 ポイント
⑥	申告漏れ課税価格*		3,087 億円	3,296 億円	106.8%
⑦	⑥のうち重加算税賦課対象		360 億円	433 億円	120.3%
⑧	追徴課税	本税	467 億円	583 億円	124.8%
⑨		加算税	71 億円	87 億円	121.9%
⑩		合計	539 億円	670 億円	124.4%
⑪	実地調査 1 件当たり	申告漏れ課税価格*（⑥／①）	2,592 万円	2,657 万円	102.5%
⑫		追徴税額（⑩／①）	452 万円	540 万円	119.4%

＊「申告漏れ課税価格」は，申告漏れ相続財産額（相続時精算課税適用財産を含む。）から、被相続人の債務・葬式費用の額（調査による増減分）を控除し、相続開始前 3 年以内の被相続人から法廷相続人等への生前贈与財産額（調査による増減分）を加えたものである。

(3) 相続発生後の諸手続

相続が発生した場合、以下のような諸手続が必要となる。

◇死亡直後

被相続人の死亡直後には、次のような手続が必要となる。

①死亡届の提出
②死体火埋葬許可申請
③年金受給停止の手続
④介護保険資格喪失届
⑤住民票の抹消届
⑥世帯主の変更届

◇相続開始から3か月以内

相続放棄や相続の限定承認をする場合には、相続開始があったことを知った日から3か月以内に手続する必要がある。

◇相続開始から4か月以内

1月1日から死亡日までの所得について準確定申告書を提出して、所得税の申告・納税を行なう必要がある。

◇相続開始から10か月以内

相続開始から10か月以内に相続税の申告・納税をする必要がある。

相続税の申告・納税の前提として、タックスシミュレーションに基づく遺産分割方法の検討を経て遺産分割協議を成立させることが重要である。

◇農地法に関する手続

相続によって農地を承継する場合には、農地法3条1項に基づく許可は不要である（農地法3条1項12号）。農地所有権を取得した相続人は、遅滞なく、その農地の存する市町村の農業委員会へ届出をすれば足りる（農地法3条の3）。

(4) 相続税の計算方法

相続税の計算は、被相続人から各人に相続される財産、相続財産ではないが相続財産として扱われる相続人に帰属する生命保険金等のみなし相続財産、相続開始前3年内の被相続人からの贈与財産等を合算するところから始まる。

計算方法の概要は図5－1の通りである。

平成26年12月31日以前の基礎控除額は、「5000万円＋1000万円×法定相続人の数」であったが、平成27年1月1日以後の相続では、「3000万円＋600万円×法定相続人の数」と4割引き下げられている。平成27年1月1日以後の相続では、基礎控除額の引き下げ以外にも最高税率が引き上げられており、従来よりも増税の方向に向かっている。農地や財産を残すうえでも、早い時期から専門家によるシミュレーションやアドバイスを受けることが肝要である。

各人の課税価格の計算	Step1：各人ごとに課税価格の計算をし、合算して課税価格合計額を算出する。 ■（取得財産の価額－非課税財産－債務・葬式費用） ＋相続開始前３年内の贈与財産価額　＝　各人の課税価格
課税遺産総額の計算	Step2：課税価格合計額から基礎控除額を差し引いて課税遺産総額を計算する。 ■基礎控除額　＝　3000 万円＋600 万円 × 法定相続人の数（*） * ここでの法定相続人の数には、相続を放棄した者も含める。
相続税の総額の計算	Step3：相続税の総額を計算する。 ■課税遺産総額を法定相続分で按分した場合の各人の取得金額を仮定して相続税額を計算し、算出金額を合算する。
各人の相続税額の計算	Step4：相続税総額に遺産分割等に基づく按分割合を乗じ各人の算出税額を計算する。 ■各人の算出税額　＝　相続税総額 × 按分割合
納付相続税額の計算	Step5：各人の算出税額に税額控除等を適用し、納付税額を計算する。 ■各人の納付税額　＝　各人の算出税額－税額控除等

図 5-1　相続税の計算方法

(5) 農地の評価

◇財産評価基本通達に基づく評価

図５－２は、財産評価基本通達に基づく農地の分類である。例外はあるものの、市街化区域内農地は市街地農地として、市街化調整区域内農地は市街地周辺農地として評価することになる。

①市街地農地の評価

市街地農地は宅地比準方式又は倍率方式により評価する。なお、市街地農地は、後述のように広大地評価の要件を満たす場合には、広大地として評価する。

宅地比準方式は、その農地が宅地であるとした場合の価額から、その農地を宅地に転用する場合にかかる造成費（表５－４）に相当する金額を控除した金額により評価する方法である。宅地であるとした場合の価額は、路線価を基礎に補正計算等を経て算出する。

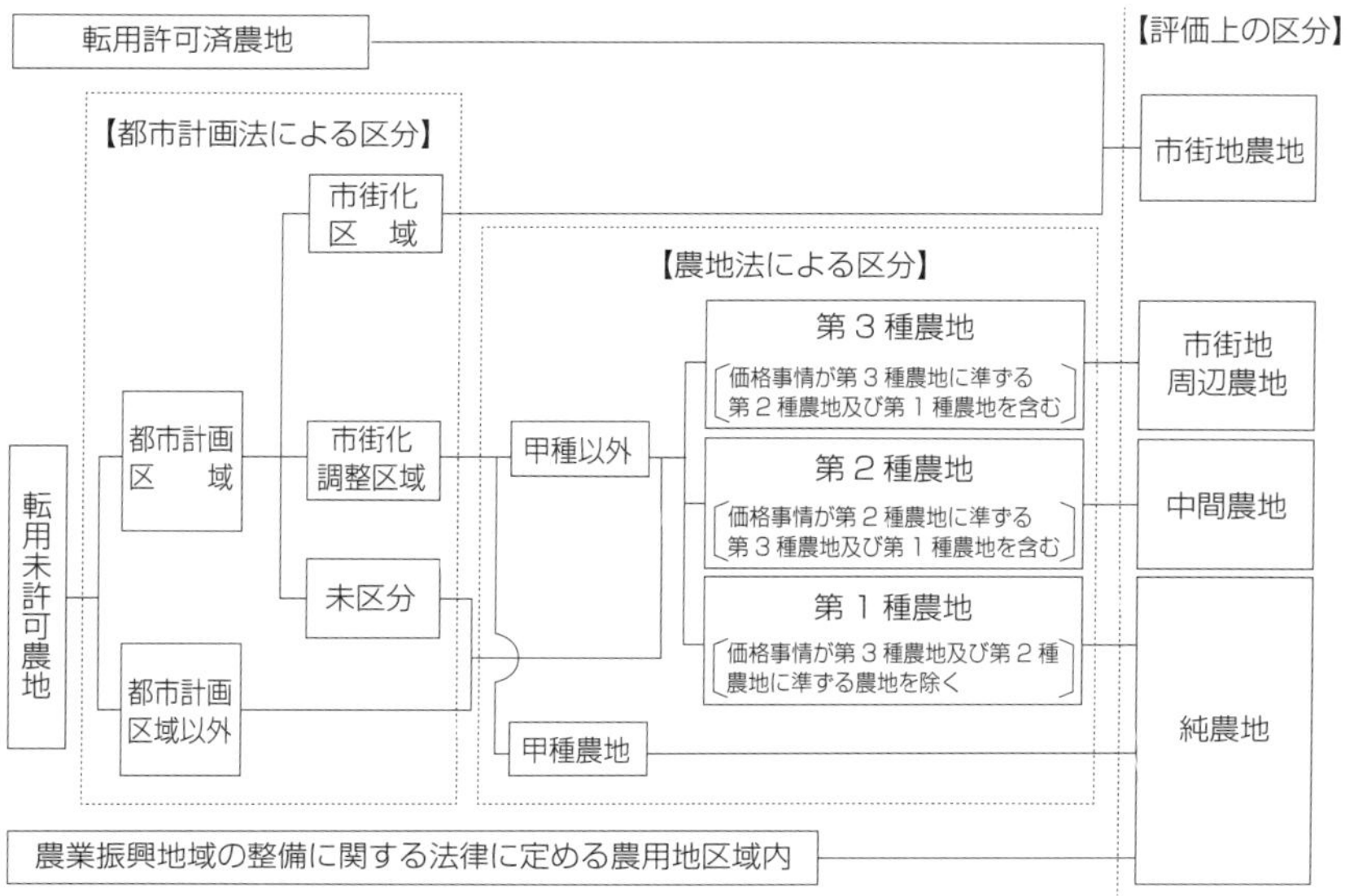

図 5-2　財産評価基本通達に基づく農地の分類

評価額＝(宅地価額／㎡－宅地造成費／㎡)×地積

倍率方式は、その農地が宅地であるとした場合の固定資産税評価額に国税局長が定める一定倍率を乗じて評価額を算出する方法である。

② 市街地周辺農地の評価

市街地周辺農地は、その農地が市街地農地であるとした場合の価額の80％相当額で評価する。

◇広大地評価

広大地とは、大規模工場用地に該当するもの及び中高層の集合住宅等の敷地用地に適しているものを除き、その地域における標準的な宅地の地積に比して著しく地積が広大な宅地で、都市計画法に規定する開発行為を行なうとした場合に、公共公益的施設用地の負担が必要と認められるものをいう（図5－3）。

公共公益的施設用地の負担が必要と認められるものとは、当該土地を戸建住宅分譲用地として開発した場合に、その開発区域内に道路の開設が必要なもののことである。

広大地に該当した場合、広大地の面する路線の路線価に地積を乗じた金額に、さらに広大地補正率を乗じて広大地の価額を算出する。そのため、単純に路線価に地積を乗じた場合と比べて、広大地補正率の分だけ評価額が引き下がることになる。

広大地補正率の下限は0.35となっており、下限の場合には単純に路線価に地積を乗じた場合と比べて65％評価額を引き下げることにつながり、税額を大きく抑えることができる（図5－4）。

もっとも、広大地に該当するか否かは高度な専門的判断を要するので、注意が必要である。

表5-4　平坦地の宅地造成費（東京都）

工事費目		造成区分	金額
整地費	整地費	要整地面積1m^2当たり	500円
	伐採・伐根費	要伐採等面積1m^2当たり	600円
	地盤改良費	要地盤改良面積1m^2当たり	1,300円
土盛費		土盛体積1m^3当たり	4,200円
土止費		擁壁面積1m^2当たり	46,500円

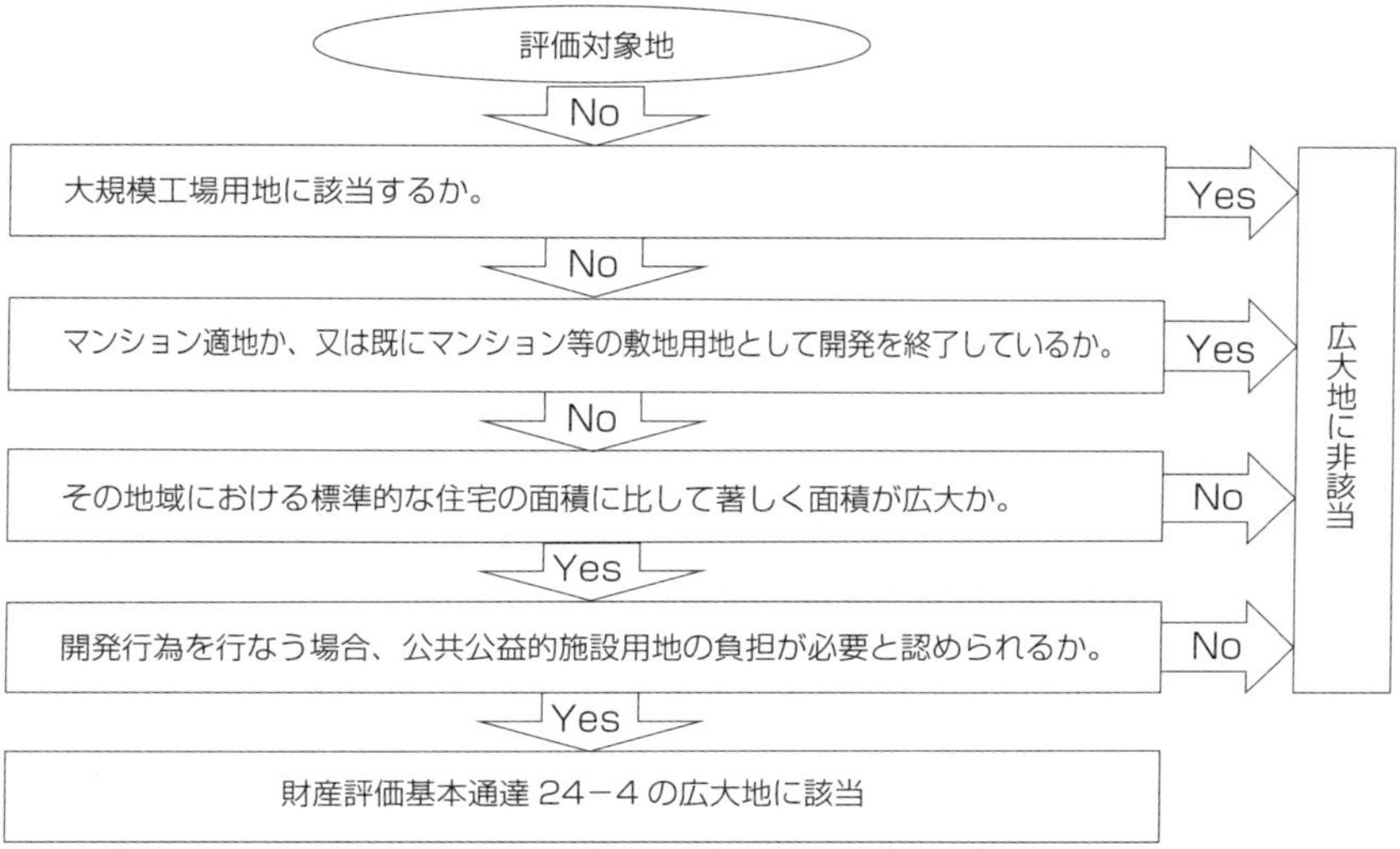
評価対象地
No
大規模工場用地に該当するか。
Yes
No
マンション適地か、又は既にマンション等の敷地用地として開発を終了しているか。
Yes
No
その地域における標準的な住宅の面積に比して著しく面積が広大か。
No
Yes
開発行為を行なう場合、公共公益的施設用地の負担が必要と認められるか。
No
Yes
財産評価基本通達24－4の広大地に該当
広大地に非該当

図5-3　広大地判定フローチャート

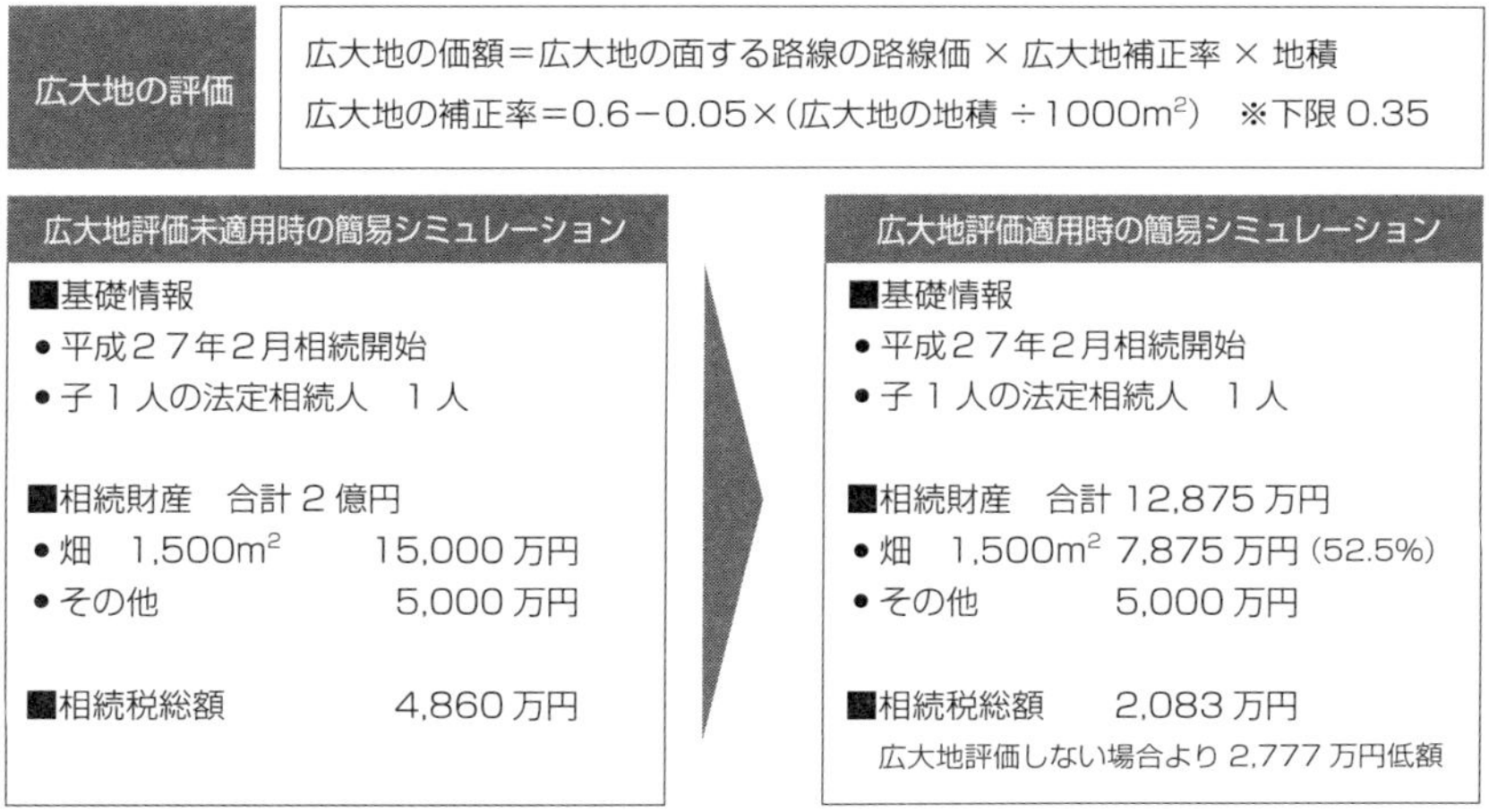
広大地の評価
広大地の価額＝広大地の面する路線の路線価 × 広大地補正率 × 地積
広大地の補正率＝0.6－0.05×（広大地の地積 ÷1000m²）　※下限 0.35
広大地評価未適用時の簡易シミュレーション
■基礎情報
• 平成２７年２月相続開始
• 子 1 人の法定相続人　1 人
■相続財産　合計 2 億円
• 畑　1,500m²　15,000 万円
• その他　5,000 万円
■相続税総額　4,860 万円
広大地評価適用時の簡易シミュレーション
■基礎情報
• 平成２７年２月相続開始
• 子 1 人の法定相続人　1 人
■相続財産　合計 12,875 万円
• 畑　1,500m²　7,875 万円（52.5%）
• その他　5,000 万円
■相続税総額　2,083 万円
広大地評価しない場合より 2,777 万円低額

図5-4　広大地の評価のイメージ

4 相続税等納税猶予制度

(1) 相続税等納税猶予制度の概要

農業を営んでいた被相続人から相続人が農地を相続や遺贈によって取得し、農業を営む場合には、一定の要件の下に相続税額の納税を猶予する制度がある。

この制度は、当該農地について相続人が農業を継続している等の要件を満たす限りにおいて納税を「猶予」する制度である。農地を譲渡したり農業経営を廃止したりといったように、納税猶予の要件を満たさなくなった場合には、当該制度を活用して猶予されていた納税猶予税額に加えて利子税を納付することが必要となる。

利子税も含めると納税猶予額を納税する際には高額な資金が必要になり、相続税等納税猶予制度の適用を受けている農地では納税猶予の継続ができなくなるようなことがないように、当該農地の権利移転をしないことや農業経営を継続することに留意する必要がある。

表5－5は東京都における相続税等納税猶予制度適用農地面積の状況である。東京都内では、平成27年1月1日現在、4286件で1253万9280㎡の農地に相続税等納税猶予制度が適用されている。贈与税の納税猶予制度の適用はわずか3件であり、生前贈与を活用した農地の承継は行なわれていないことがわかる。

表5-5　相続税等納税猶予制度適用農地面積（東京都）

平成27年1月1日現在

	相続税		贈与税	
	件数	面積（m^2）	件数	面積（m^2）
区部計	679	1,647,546	2	7,901
多摩部計	3,607	10,891,734	1	9,605
島しょ部計	0	0	0	0
東京都合計	4,286	12,539,280	3	17,506

注．東京都農業会議調べより

(2) 納税猶予税額

取得した農地価額のうち農業投資価格による価額を超える部分に対応する相続税額が、納税猶予額となる。すなわち、納税猶予特例の適用を受ける農地を特例を受けない仮定の下で評価して相続税の総額を計算し、特例の適用を受ける農地を農業投資価格に基づいて評価した場合の相続税総額との差額が納税猶予額となる（図5－5）。

特例の適用を受ける農地のうち農業投資価格による価額を超える部分以外については、通常通り相続税が発生した場合には相続税を納税することになるのであって、農業相続人の相続税額全額の納税が猶予されるわけではない。

農業投資価格は恒久的に農地として利用されることを前提に、通常の取引価格として公表されている価格である。

農業投資価格は国税庁のホームページで確認することができ、平成27年における農業投資価格は表5－6のようになっている。1㎡当たりに換算すると農業投資価格は1000円を切る低水準であり、農地にかかる相続税は大部分が納税猶予額になるといえよう。

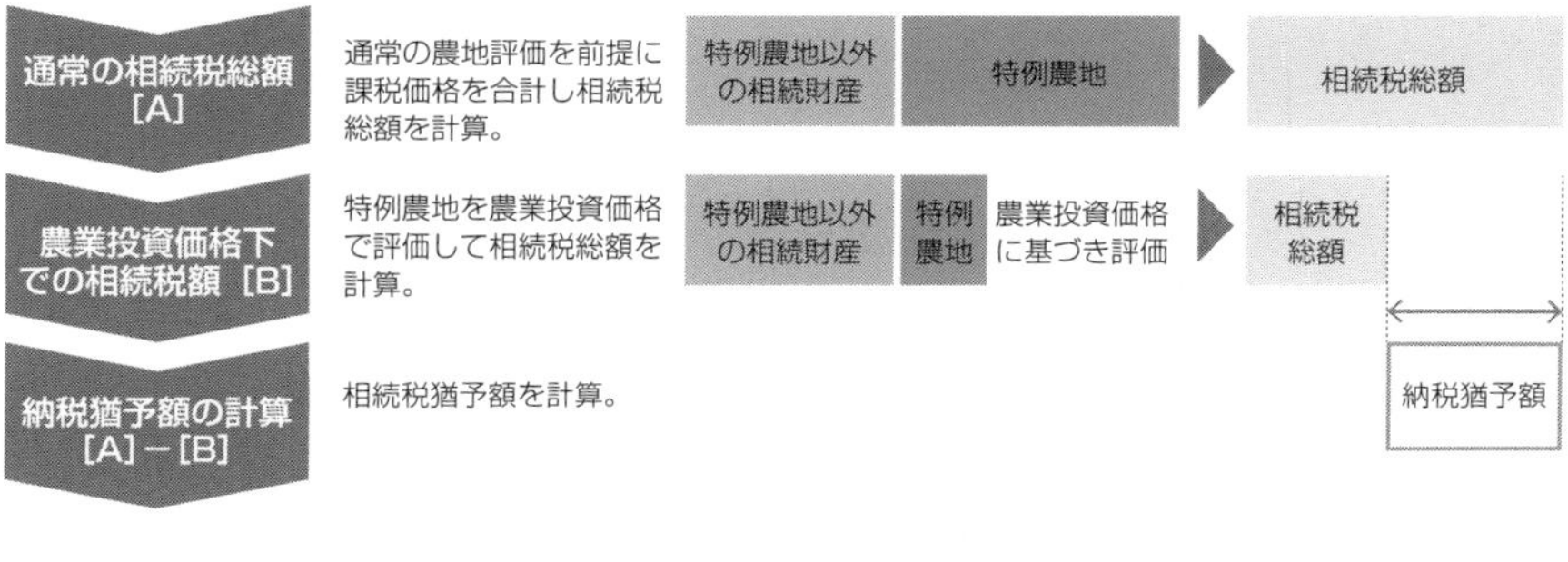

図5-5　相続税猶予額の算定方式

表 5-6　農業投資価格

（10 a 当たり、平成 27 年）

	田（千円）	畑（千円）	牧草放牧地（千円）
東京都	900	840	510
神奈川県	830	800	510
埼玉県	900	790	−
千葉県	790	780	490
愛知県	850	640	−
大阪府	820	570	−
京都府	700	450	−
奈良県	720	460	−
兵庫県	770	500	−
福岡県	770	440	−

(3) 納税猶予特例を受けるための要件

相続税の納税猶予特例の適用を受けるためには、①財産を残して亡くなった被相続人、②被相続人から相続によって農地を取得した相続人、③納税猶予特例の適用を受ける農地、のそれぞれが左表の要件を満たす必要がある。

なお、納税猶予特例を受けるための要件の概要を理解し難いものとなることを懸念し、本書では被相続人が農地を生前贈与し受贈者が贈与税の納税猶予や納期限延長特例を受けていた場合の相続税等納税猶予特例の適用については割愛した。

被相続人要件 次のいずれか	・死亡の日まで農業を営んでいた人 ・死亡の日まで相続税の納税猶予の適用を受けていた農業相続人で、障害、疾病などの事由により自己の農業の用に供することが困難な状態であるため、賃借権等の設定による貸付けをし、税務署長に届出をした人 ・死亡の日まで農業経営基盤強化促進法に基づく一定の貸付けを行なっていた人
農業相続人要件 次のいずれか	・相続税の申告期限までに農業経営を開始し、その後も引き続き農業経営を行なうと認められる人 ・相続税の申告期限までに農業経営基盤強化促進法に基づく一定の貸付けを行なった人
特例農地要件 次のいずれか	・被相続人が農業の用に供していた農地等で、相続税の申告期限までに遺産分割されたもの ・被相続人が農業経営基盤強化促進法に基づく一定の貸付けを行なっていた農地で、相続税の申告期限までに遺産分割されたもの ・被相続人が営農困難時貸付けを行なっていた農地等で、相続税の申告期限までに遺産分割されたもの

(4) 納税猶予特例を受けるための手続

納税猶予特例を受けるためには、要件を充足したうえで相続税申告書に所定の事項を記載して申告期限内に申告をし、農地等納税猶予税額及び利子税の額に見合う担保を提供する必要がある。なお、相続税申告書には、納税猶予に関する適格者証明書や担保関係書類等を添付することが必要である。適格者証明書は、農業相続人の申請に基づいて、農業委員会が発行する。

また、納税猶予期間中は、相続税の申告期限から3年目ごとに、引き続き納税猶予特例の適用を受ける旨及び特例農地等に係る農業経営に関する事項等を記載した継続届出書を提出することが必要である。

(5) 納税猶予の打ち切り

納税猶予特例の適用を受けていたとしても、特例適用農地について譲渡等があった場合、農業経営をやめた場合、継続届出書の提出がなかった場合、担保価値減少に伴う増担保等要求に応じなかった場合、生産緑地法に基づく買取りの申出があった場合等には、納税猶予額の全部又は一部を納付しなければならない。

もっとも、特例適用農地の貸付けであっても、平成21年税制改正以降は農業経営基盤強化促進法に基づく農地保有合理化事業・農地利用集積円滑化事業・利用権設定等促進事業による場合には、納税猶予を継続するようになっている。

(6) 納税が免除される場合

◇死亡等の場合

農業相続人が死亡した場合や、特例農地の全部を租税特別措置法に基づいて農業の後継者に生前一括贈与したような場合には、納税猶予額は免除される。

この場合、当該農地を承継した相続人や受贈者が相続税や贈与税を新たに負担することになり、相続人や受贈者が新たに納税猶予の特例の適用を受けるか検討することになる。

◇20年営農による免除

相続の時期等によっては相続税申告書提出期限の翌日から20年の営農による納税猶予額の免除もあり得る。

平成3年1月1日時点における三大都市圏の特定市の市街化区域内の農地については、平成4年1月1日以降の相続では原則として納税猶予制度の適用対象外とされたが、生産緑地については終生営農を条件として納税猶予制度の適用が認められた。

当該特定市以外の農地については、申告期限後20年営農による免除が認められていたが、平成21年12月15日以後に開始する相続からは、市街化区域外農地で20年営農継続による納税猶予額の免除は廃止されている。

そのため、市街化区域外にある農地で平成21年12月14日以前から納税猶予の特例を受けている場合、農地が三大都市圏の特定市以外の市街化区域にある場合に限り、申告期限後20年の営農で納税猶予額が免除される。

（7） 都市農地の活用

これまでみたように農地等納税猶予額が生前に免除される場合は限定的であり、多くの場合、納税猶予打ち切りを回避するために終生営農を継続することになる。

ここで、農業相続人の終生営農という前提が制約となり、都市の農地という限られた資源が有効活用されない懸念がある。

このような懸念を背景にして、農業経営基盤強化促進法に規定された事業のための特定貸付け、農業相続人が障がいや疾病等の理由で特例農地での営農が困難となった場合の営農困難時貸付けといった制度的な手当てがなされている。しかしながら、当該制度が整備された後においても農地の有効活用に結びついていない事例も多く、改善を要する点が多く見受けられる。国及び地方公共団体は、今後都市農業振興に必要な税制上の措置を講ずることになっており、生産緑地が貸借された場合の相続税等納税猶予制度の適用等について検討が予定されている。

コラム④

東京の農業のポテンシャルと流通

●東京農業の計り知れないポテンシャル

東京の農産物の流通に携わる身として、都市農業ほど恵まれた農業はないと常に感じている。体験農園などのサービス型農業ではなく、王道としての農業生産についてである。実際に、専業として十分に成立している農家もある。

農産物は流通がキモになる。流通とは、生産地からニーズのある場所へ、コスト低く移動させることである。小売価格に占める農家の手取りが少ないという議論があるが、足元にニーズがない場所で生産しているかぎり、物流コストに応じた中間マージンは覚悟しなくてはならない。

その観点からすれば、東京は1200万人もの人口があり、GDPは韓国に匹敵する。東京西部・多摩地域には人口10万人以上の都市が17ほどあるが、これは地方県に行けば県庁所在地クラスである。物流コストをかけず、巨大なマーケットを相手にできるのが、都市農業という商売なのである。

加えて流通の仕事は、商品を運ぶことだけではない。流通は情報も運ぶ。従来の卸売市場を介した大規模流通だと、効率化のため情報はそぎ落とされる。都市農業では、例えば弊社の店舗スタッフが農家の栽培現場を取材しようと思えば造作もない（もちろん弊社の店舗スタッフには、情報の編集力や発信力が求められる）。

これからも安いものは売れ続けるだろうが、一方で、ストーリーのしっかりしているもの、きちんと手間がかかっていることがわかるものが売れる時代になってきていると、私は感じている。その時代にあって、生産地と消費地が近いことは、計り知れないポテンシャルを持つ。

●都市農業に潜む罠

一方で、都市農業を営むうえでは「罠」がある。それは販路が多くなりすぎたり、農家自身が「店員」となる即売やイベント販売を増やしすぎてしまったりすることである。

都市農業では、農家個々に多様な販路を持っている。それは足元にマーケットがあることの証左でもあり、地方の農家に比べれば垂涎の状況だ。

しかし、簡単に販路を増やすことができるがゆえに、販路が多くなりすぎる。消費者のフィードバックは大きなやりがいを生む。だから、農家自身が販売する機会を持つこと自体は悪いことではない。しかし、販路が多ければ手間もかかるし、例えば、イベント販売で忙しく、貴重な晴れ間にやりたかった農作業ができない、ということも起こる。

都市農家にとって重要な命題は、大量生産地との差別化を図ることだ。つまり、ストーリーや栽培方法が独特のものだったり、手間ひまがかかっていたりすることが、重要である。農作業や農業技術の蓄積にも時間を費やすことができず、廉価な販路ばかり増えていくのは、好ましい状況とは言えない。

●東京農業に必要な流通

東京の農家は販路が多様なために、農協による営農指導も弱く、栽培品目や栽培方法はそれぞれ独自のものになっている。この多様性は、都市農業の明らかな特徴だ。

当社の直売所にはさまざまな農産物が並ぶが、その一つひとつがストーリーの結晶であり、私の目には光輝いて見える。もとよりスーパーに並ぶ農産物にも、その土地の文化や農家の苦労や工夫が詰まっていることだろう。しかし、効率を求める物流システムの中では、そぎ落とされてしまう。

そこそこ美味しければ安いほうがよいという消費者が大多数なのは事実だが、東京という大きなマーケットには異なる層も確実にいる。これはごく一部のお金持ちを指しているのではない。平均的な家庭でも、食べ物をより吟味して買いたいと思っている人は、確実に多くなっている。

そのマーケットをねらっていくのに、東京の農業ほど恵まれた商環境はない。その東京で、消費と生産の現場が近いことを利用して、背景も一緒に流通させる。それに応える流通システムはまだないが、時代は明らかに新しい方法を求めている。

菱沼勇介
株式会社エマリコくにたち代表取締役。東京・国立市を拠点に地場産野菜の流通と飲食店を経営。
事業の詳細は65ページ参照。

都市農業への関わり方

都市が抱える「環境」「教育」「防災」「福祉」などの課題に対し、「都市農業・農地を活用することで、何らかの効果が得られるのではないか」という期待は、今後ますます高まっていくと思われる。そのような期待に対して参考となるように、本書は企画・執筆された。

ここでは都市農業おいて何らかのアクションを起こそうとしている方々に向けて、目的別に実用性の高い情報を提供する。

▼新規就農したい、農業研修生を受け入れたい

全国新規就農相談センターのホームページに、都道府県の相談センターの窓口一覧がある。東京都では第二章の内容の通り、東京都農業会議が窓口となっている。新規就農希望者などの研修生を受け入れたい農家や農業法人も、同窓口に希望を伝えることで就農希望者の紹介を受けられるなど、マッチング(引き合わせ)の機能も持っている。

全国新規就農相談センター
http://www.nca.or.jp/Be-farmer/

▼農園を利用したい

第三章の通り、個人での農園利用を考えた場合、①自治体サービスとして提供される市民農園、②農家が経営する農業体験農園、③企業が運営する農園　などの選択肢がある。

＊市民農園情報
農林水産省　全国市民農園リスト
http://www.maff.go.jp/j/nousin/nougyou/simin_noen/s_list/

＊農業体験農園情報
全国農業体験農園協会
http://www.nouenkyoukai.com/

＊企業が運営する農園
マイファーム、シェア畑などの各企業ホームページを参照

個人利用ではなく団体や企業として継続的な農作業体験・研修などを求める声も増えてきている。既存の

サービスに収まりづらい要望を(株)農天気では積極的に聞き取り、目的に応じた内容のサービスを企画し、実施まで請け負っている。その内容は、顧客向け収穫体験イベント、マンション内サークル活動、稲作・農産加工体験などである。

＊株式会社　農天気　http://www.nou-tenki.com/
　代表・小野メールアドレス　ono@nou-tenki.com

▼企業・法人での農業参入を検討している

都市農地における農業参入を考える場合、農地関連法をはじめ税制・財務・コンプライアンス（法令遵守）など、考慮しなければならない点が多い。

ＡＧＲＩ法律会計事務所では法務・税務・資金調達・助成金などをワンストップ（手続きを一度にまとめること）で対応している。

＊ＡＧＲＩ法律会計事務所　http://agrilaw.jp
　本木メールアドレス　kmotoki@agrilaw.jp

著者紹介

■ 小野　淳（おの　あつし、第三章を執筆）

㈱農天気 代表取締役。東京・国立市の農園「くにたち はたけんぼ」を中心に、幅広く農業関連サービスを提供。DVD「菜園ライフ～本当によくわかる野菜づくり」(NHKエンタープライズ) を監修・実演。専門誌などで、農業・野菜づくりについての執筆多数。

■ 松澤龍人（まつざわ　りゅうと、第二章を執筆）

東京都農業会議に勤務。１９９２年に東京都農業会議に入り、２００６年より新規就農を担当。２００８年に東京都内で初の非農家出身の新規就農者が誕生。２０１２年に東京ＮＥＯ－ＦＡＲＭＥＲＳ！を結成。

■ 本木賢太郎（もとき　けんたろう、第一章・第四章・第五章を執筆）

弁護士、税理士、公認会計士。大手会計事務所でアドバイザリーサービスに従事したのち、農業分野に注力した総合事務所ＡＧＲＩ法律会計事務所を設立し、代表パートナーに就任。食・農・観光を中心に、コミュニティや中小企業の成長を支援。

都市農業必携ガイド

市民農園・新規就農・企業参入で農のある都市《まち》づくり

2016年 3 月 10 日　第 1 刷発行

著　者　小野　淳
松澤 龍　人
本木 賢太郎

発行所　一般社団法人　農山漁村文化協会
〒107-8668　東京都港区赤坂7丁目6-1
電話 03(3585)1141(営業)　03(3585)1145(編集)
FAX 03(3585)3668　振替 00120-3-144478
URL http://www.ruralnet.or.jp/

ISBN978-4-540-15173-6　製作／森編集室
<検印廃止>　印刷／(株)光陽メディア

製本／根本製本(株)
Printed in Japan
定価はカバーに表示
乱丁・落丁本はお取り替えいたします。